活力旺居家盆栽

居家綠生活 🌱 就是這麼簡單

張滋佳 ＊ 著

人文的 · 健康的 · DIY的
腳丫文化

作者序

　　陽光，空氣，水，是植物生命的必要元素。 而對我來說，天時，地利，人和是機緣的重要元素。自己從事花藝學習二十餘年，花卉工作即將十年，一直有一份心願，就是希望將多年來學習心得與經驗，能夠和更多的人分享與切磋。然而自己竟幸運地由於一個美麗的誤會，達成自己期盼多年的願望。如此的際遇讓我感謝出版社地魄力與勇氣，畢竟深耕生活綠意藝術與素養並非一般速食文化，而是需要時間、耐性與專業知識的融入。

　　一通作品的邀約電話 ，成就了我多年的願望，也因為太愛花卉，所以只要是與花有關的工作自己一直是熱情投入。原以為是單品作品的邀約 ，便不加思索的滿口答應 ，爾後才在後續的聯絡與溝通中了解到，是要出一本花卉種植、養顧、擺設的書。

　　心中的喜悅無法言喻，如同種子發了芽一般，我看到另一頁生命的燃燒。於此投入了出版的工作，這是自己陌生的區塊，所以一切回歸赤子之心。關於出版，自己仰賴出版社的專業與規劃，而我則全心全意的專任自己所長，將每一個綠意融入生活中，用人本的態度創作作品，用「心」的手來種植物 ，用「心」的眼睛來看植物，用「心」的話語來與植物溝通，並用心與愛花草樹木的人共同分享花卉的生活藝術。一切的用心只想與生活綠意長相隨，就如同您一般。

張滋佳

有活力旺盛的居家盆栽嗎？

很多人常問道：有沒有適合懶人養的盆栽，或是生命力旺盛，一定種得活的植物呢？

這個問題，過去我也常常問自己。直到與滋佳老師相遇，才從她身上「從心」認識植物；並且瞭解到，所謂的一定種得活植物，也還是有但書的。

所謂的活力旺植物，指的是生命力較強，適應力較高的植物。能夠耐陰耐旱，隨著人類的居住環境來改變適性。這類植物也經常被稱為室內植物。因為它們能夠適應幾乎沒有太陽光的環境。但是再怎麼強壯的植物，只要失去水分與光線，終究還是無法成活。

大部份會把植物養死的人，不是太過溺愛，就是過度忽略。有人每天把澆水當作與植物互動的主要工作，是親近植物的表現，最後導致植物根部積水腐爛，發生疫病而回天乏術。有的人則是經常忘記植物的存在，一個月裡沒有幾天正眼瞧過它，更別說澆水了。最後任由植物耗盡自己的養份與水分而枯死。所以想要養好一株植物，首要條件是「用心」，接著了解植物的適性，不要悖離植物存活的原則太多，就一定種得活。

本書正是為了廣大的園藝新手與植物殺手而生。除了嚴選的25種耐命植物之外，還特別傳授讀者居家盆栽活力旺的七大絕招。此外，很多人認為耐命植物普遍不夠美麗，為了扭轉這個刻板印象，擁有20幾年花藝經驗的張滋佳老師，更獨家傳授了18種盆栽裝飾的技術。每個作品都充滿了療癒的能量，讓植物不只美化與淨化你的居家環境，也能撫慰疲憊的心靈。

何不試著從現在起，從一盆小盆栽開始，把綠意攬進你的生活與生命裡。

Part 1 居家盆栽活力旺的七大絕招 010

Part 13 單調盆栽變裝術 110

培養土

培養土是經完全發酵，清潔無污染，不含病菌、害蟲、雜物及雜草種子。依照配方的不同，含有多種特殊有益的微生物與養份，能使植物根系長得好，幫助植物生長，及提高抗病性。適用於各種園藝植物。

發泡煉石

經特殊方法煉製燒結而成的膨鬆石礫狀產品，具良好的保水性和通氣性，無菌、無臭，為優秀的介質，適用於水耕及礫耕栽培。也可混入一般壤土中，以增加透氣性與排水性。

珍珠石

屬於天然石灰岩的一種，經高溫燒成的多孔隙白色粒狀物，清潔無菌，呈中性反應，通氣性良好，用來播種和改良土壤，又因白色反光不吸熱，可助喜低溫的種子順利發芽。

小白石

屬於天然石材製成之結晶體，不吸水，重量足，用於鋪面可防止澆水時壤土飛濺出來。混入一般壤土可增加透氣性與排水性。唯其重量比土重，長期使用會隨著澆水次數多而越往下沉入土壤裡，可定期翻新更換。

蛭石

　　雲母礦石經高溫處理燒製而成的灰褐色、有光澤的物質，具有質輕、孔隙多、清潔無菌和保水、保肥、通氣性良好等特性。呈微酸性，適用於扦插、播種及瓶器栽培。含有相當量的有效性鉀與鎂元素可供植物利用，是適合廣泛使用的良好介質。

貝殼砂

　　貝殼砂是經過海浪長期的沖刷、研磨所形成，且無河流入海之處，內含高比例的「生物碎屑」如珊瑚、貝殼碎片等、溫潤潔白。具有持續釋放碳酸鈣的特性，可保持水中PH值在鹼性狀態。美化盆栽、DIY裝飾、魚缸底沙、種植水草等……具有非常多的功用。

染色貝殼砂

　　將一般的白色貝殼砂，以人工方式染成各種顏色，主要用於盆栽鋪面。

青苔

　　分為天然青苔與人工乾燥的染色青苔。天然青苔無法永久保持翠綠，一旦失水會很快變得乾燥失色；人工染色青苔則可永久保持色澤青翠。適合做為鋪面，同時具有極佳的保水效果與美化效果。

環保玻璃石

　　利用回收玻璃瓶重新燒製而成。顏色豐富，可用於盆栽裝飾，也適用於水耕及礫耕栽培。

松木皮（腐木塊）

　　為松木的塊狀外皮，屬有機質，可添加入土壤中，兼具吸水、保水與添加養分的功能，表面有毛細孔具透氣性。會隨著時間腐化，是最環保的素材。用於鋪面別具質樸風格。

Part 1
居家盆栽活力旺的七大絕招

本書所挑選出來的這25種盆栽，都是馴化力強或耐陰、耐旱，
生命力超強的植物。只要遵照下列的七個秘訣，
加上愛心和感情的滋潤，一定可以種得活！

絕招1 日照需求要搞懂

　　目前市面上所謂的室內植物，多數是指耐陰性高或是馴化能力強的植物。像是原本生長在陰暗潮濕處的蕨類，或是適應力強的馬拉巴栗、仙人掌等等。這些植物雖然比較能適應室內的光線，但是長期在光線略顯不足的環境下，新長出來的莖葉仍會日漸瘦長稀疏。畢竟太陽光中擁有數種不同波長，作用不同的可見光與不可見光，原本生長在大自然的植物們，一旦缺乏這些光線的催化，許多生長機制都會受限。

　　因此，在種植盆栽的時候，一定要先了解，你所栽種的植物，是屬於短日照還是長日照，配合植物的習性與馴化程度，適度給予充足的陽光，才能確保植物長的健康又美麗。

相關名詞解釋：
長日照（或全日照）：持續接受陽光照射達8小時。
短日照（或半日照）：持續接受陽光照射達4小時。
散射光：沒有直接暴露於陽光下，但植物周遭有明亮的自然光。

　　不管你所種的植物，它的原始習性需要哪種程度的日照，一旦成為室內植物，請務必記得，三不五時將它移至陽台或窗邊，或是定期與其他盆栽輪替接受自然光的洗禮，補充一下光合作用產生的養分。如此一來，既能時常變換居家盆栽景緻，又能兼顧植物的日照需求，真可謂一舉兩得。

🌿 每種植物對於日照的需求不盡相同，需要細心呵護才能成長茁壯。

絕招2 水份需求要注意

什麼時候該澆水？一次該澆多少水？相信是園藝新手們共同的困惑。許多人栽培失敗，通常都因為兩個原因：澆太多水使盆土長期處於潮濕，導致植物根部窒息腐爛；經常忘記澆水使盆土長期過於乾燥而劣化，導致根部毛孔乾縮阻塞，就算之後澆了水也無法吸收。也就是說，栽培失敗的主因，不是把植物淹死就是把它渴死。

那麼，該如何判斷盆土水份是否恰到好處呢？多數人只以肉眼觀察盆土表面，或是用手抓抓表土，其實這些都是不夠客觀的方式。有時候表土乾了但內部還是濕的，如果再澆水就會造成積水過潮，威脅植物健康。以下提供幾個簡易的方法：

竹筷測試法：取一隻乾燥的竹筷子，小心避開植株插入盆栽直達底部，停留約2秒鐘再拔出，看看竹筷子上面是否含有水分。若竹筷乾燥且沾染的沙土一拍就掉下來，表示盆土已乾需要澆水了。

重量測試法：把盆栽拿起來掂掂看重量，若比剛澆完水時的重量明顯減少，就是水分消耗的差不多了，可以再次澆水。

外觀分辨法：有些植物只要缺水，枝葉就會出現無力下垂的情況，比如白鶴芋等等，此時立刻給予充足水分，過沒多久它又會精神奕奕、亭亭玉立了。

♣ 竹筷測試法：上圖是利用竹筷測試土壤中的水分是否充足，下圖是竹筷乾燥與潮溼的對照。

♣ 重量測試法：利用雙手捧起盆栽，測試盆栽重量是否減少。

♣ 植物缺水枝葉下垂，這時候就需要澆水。

♣ 澆水後過一會兒就恢復生氣、昂然挺立。

知道何時該澆水之後，接著就是一次澆個夠，也就是所謂的澆透。澆透指的是讓盆土（介質）完全吸足水份，並且從底部排水孔排出多餘水分。澆水的方式很多種，必須視植物特性與栽培環境，提供適當的澆水方式。

點滴式：用套裝的點滴設備或自製的塑膠滴水管澆水。是最省力省水的方法。

淋浴式：適合在戶外陽台，具有沖洗灰塵與害蟲的效果。

灌注式：適合室內或葉片多，葉片怕濕，容易腐爛的植物，如聖誕紅、麗格秋海棠等等。

浸吸式：適合以蛇木為介質的盆栽，或盆土乾透時使用。將盆栽泡在水中可以充分吸水。

♣ 點滴式。

♣ 灌注式。

♣ 淋浴式。

♣ 浸吸式。

Tips

自助式供水法

若外出旅遊數天沒人在家時，可將水桶裝滿水，取一條毛巾或其他吸水力佳的布，吸滿水後一端放在水桶裡直達桶底，一端接觸盆栽的表土，水桶位置需高於盆栽，如此一來可長時間穩定的持續供水。

絕招3　施肥多寡看時機

　　植物的生長除了以葉綠素行光合作用製造養份之外，還需要吸收土壤裡的養分，主要是氮、磷、鉀三要素及其他微量元素，才能生長的健康茁壯，花繁葉茂。植物的肥料就是以此三種要素為主，其主要作用的部位及適用植物如下表：

元素	主要作用部位	適用植物
氮N	葉	觀葉植物、葉菜
磷P	花、果	觀花植物、果樹
鉀K	根、莖	多肉植物、洋蘭

　　當植物生長停滯不前、葉色變淺、開花稀少甚或不開花時，就表示需要施肥了。室內植物因為生長較慢，每年大約施一　二次即可。戶外植物生長較快，每季可施長效肥料一次，觀花觀果的植物需肥量更大，在觀賞期後就要補充肥料，以加速恢復生長勢。

　　施肥的適當時機是在植物的萌芽期前，正當開花、休眠期間或是遭嚴重病蟲害時不可施肥。要注意施肥時遵照料包裝上標示的使用量，切不可增濃加倍，以免植物體受到「肥傷」。少量多施才能有效吸收。

　　這三種要素缺一不可，例如過度偏重氮肥，會有葉片柔弱、植株萎軟、花芽不分化等等不良影響，**如同人類不可偏食，所有營養都要攝取。**

　　施肥時宜少量多次。比如這個月該施肥了，施肥量是10 C.C.，則可以分成三到四份，每份為2.5 C.C.～3 C.C.，每隔三到四天稀釋一份來使用，如同人類的少量多餐，如此就能避免肥傷又可有效吸收。

♣ 宜選擇標示清楚的肥料。

♣ 長效肥約每季施用一次。

♣ 粒狀的長效肥。

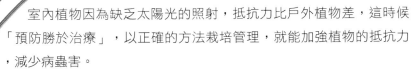

絕招4 疫病蟲害要剷除

　　室內植物因為缺乏太陽光的照射，抵抗力比戶外植物差，這時候「預防勝於治療」，以正確的方法栽培管理，就能加強植物的抵抗力，減少病蟲害。

　　首先在購買盆栽的時候，就必須仔細挑選生長旺盛、無病蟲害的植物。放置時不要過於緊密，每盆植物的葉端不互相碰觸為原則。土壤保持適濕略乾的狀態，就能避免根部受到病菌感染。保持通風與充足的光線也能使植物健康茁壯。

　　室內植物最常見的蟲害為：紅蜘蛛、蚜蟲、介殼蟲、粉蝨。在發生初期，只要用肥皂水或是辣椒水噴灑，就能有效防治。

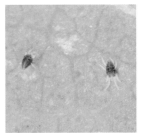
♣ 顯微鏡下的紅蜘蛛。

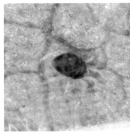
♣ 顯微鏡下的紅蜘蛛。

♣ 紅蜘蛛危害紅玫瑰。

♣ 蚜蟲。

♣ 介殼蟲。

♣ 粉蝨。

♣ 粉蝨造成洋桔梗黑煤病。

♣ 用肥皂自製除蟲劑，既有效又環保。

絕招5　換盆換土有一套

　　如果發現盆栽生長出現極盛而衰，或盆子的比例有頭重腳輕感，甚至根由盆面及盆底鑽出時，就表示該「換盆」了。

　　換盆時應該選擇與植物比例相稱的造型，如瘦高的植物用長型盆、低矮植物用淺圓盆。而尺寸方面比原盆的直徑略大一寸即可，切忌使用過大的盆子。在材質選擇上，可搭配植物色彩與環境的整體質感，更能彰顯美化效果。

🍂 盆器邊出現白色結晶。

　　以土壤為介質的盆栽，在澆水時發覺水很難滲下去，或者一瞬間就漏完，就表示盆土已經劣化了。或是室內植物用培養土栽培的盆栽，在盆器邊緣有白色結晶物，表示盆內因施肥所累積的結晶鹽類已經過量，有傷害植物根部之虞，有上述情況發生時就應該「換土」。

　　一般花木盆栽可以在初春時進行換土，以結構疏鬆的壤土較佳。室內盆栽較不拘季節，春至秋季都可以換培養土。通常培養土是以蛭石、珍珠石、泥炭土為主要混合質材。盆栽換土頻率約1～2年換一次，通常於換盆時一並進行。

　　至於無法全面更換或是種植於地上的植物，可將土鏟鬆，挖除一些表土後再填入新土或是有機肥亦可改善。

絕招6 栽培繁植這樣做

　　種植盆栽最開心的事，莫過於辛勤栽培後的植物長得欣欣向榮，而且還能讓它們「開枝散葉、子嗣綿延」，一盆繁衍成許多盆，讓綠意散佈四處。

　　一般觀賞植物多採取無性繁殖，最常使用且操作簡便的方式如下：

　　分株法：叢生型的植物如袖珍椰子等等，小心地從葉基部連結部份，將植株掰開成數叢，注意每叢至少留2～3芽，以利成活。

　　叢生灌木如黃椰子，可用鏟子直接從植叢中鏟開，再分別掘出根團移植；短走莖型的植物如虎尾蘭等，可用剪定鋏把走莖剪開，每份應帶有三片葉子以上；長走莖型植物如心葉毬蘭等，直接剪下走莖末端的植株種植即可。

　　這是最簡單的植物繁殖法，可以配合換盆換土作業時一並施行。

　　扦插法：又分為葉插法與莖插法。
　　葉插法：適用於葉片肥厚植物，如虎尾蘭、長壽花，使用葉片扦插即可。
　　莖插法：適用於一般有莖植物，可取一、二節的枝條插於介質中，便會從節處發根成苗，具有遺傳特性穩定與培育期較短的優點。
　　但木本枝條扦插較慢，發根前往往需要噴霧保濕。

　　播種法：可大量取得幼苗，但幼苗期需要耐心培育，而且成苗時間較長，一般草花多使用此法生產。

　　木本植物的種子若使用此法，密集播種於盆內，約一個多月就會有一盆綠意盎然，彷彿種子森林的小盆栽。

1 剪下一小塊不織布,蓋住盆器底部的排水孔。

2 填入培養土。

3 將植株掰開成數叢。

4 將盆器中的培養土挖一個洞,以便種入植株。

5 修剪植株過長的根鬚。

6 種入植株並填入培養土。

7 將盆土壓實。

8 最後適度給水即可完成分株。

1 剪下一小塊不織布,蓋住盆器底部的排水孔。

2 填入培養土。

3 將葉片斜插入盆土中。

4 切記不可插入太深,最後適度給水即可完成。

1 剪下一小塊不織布，蓋住盆器底部的排水孔。

2 填入培養土。

3 將盆土壓實。

4 取一～二節的枝條。

5 剪去多餘的枝條。

6 將所有葉子剪至剩下生長點，以促進植株重新長出葉子。

7 將處理好的莖部插入盆土中，可一次莖插數枝。

8 最後適度給水即可完成莖。

播種法Step by Step

1 準備一個平底的盆器充當苗床，填入培養土。

2 挑選飽滿的種子。

3 將種子以適當間隔，整齊排列於苗床中。

4 覆蓋一層薄薄的培養土，靜待種子發芽。

絕招7　適當修剪更繁茂

經過悉心栽培的植物，必定生長得興旺繁盛，如果未加修飾整理，則會出現日漸凌亂的情況。這時候可以幫植物做造型，不僅可以促進生長與開花，更可呈現嶄新的風貌。

觀葉植物在購入栽培初期，易有老葉黃化的現象，此為植物正在適應環境變遷而產生的正常現象，此時稍微修剪可幫助植物適應與生長。有時栽培久了，也會有葉尖枯焦黃萎的情形，可動手修除整理一

↣ 修剪徒長的枝條保持植株外型美觀。

↣ 修剪殘花可預防殘花滯留葉上腐爛而引起病害。

下。有些觀葉植物會開花，但其花小多不具觀賞價值，適時修剪可防止消耗養分，讓葉子長的較好。

而開花植物更應該注意適時地修剪殘花敗蕾，可預防殘花滯留葉上腐爛而引起病害。不過應注意有些開花植物的舊花梗不宜修除，以利來年再度開花，比如心葉毯蘭，雖以觀葉為主，但成長良好的植株也會開出嬌艷美麗的簇狀小花，提供另一番風貌。

而易長出分枝的植物可剪除過密的枝條，或是摘去枝梢的方式來塑造豐滿勻稱的姿態。此外也可發揮創造力，顛覆植物既有的形象，讓植物也能呈現不同的造型。蔓藤植物可以善用其可塑性，設計不同造型的攀爬架，供其盤繞生長。比如黃金葛，可在盆中立一個愛心形的攀架，牽引蔓藤纏繞其上，就好比象徵愛情永恆不變，不管送人或自己欣賞都別有逸趣。

其實養盆栽成功的秘訣，在於用心與留意。如果能把它當成寵物一般看待，每天摸摸它、抱抱它，盆栽若有任何不對勁的地方，一定能夠立刻察覺。只要用心照顧，植物雖然不會開口說話，也不會主動撒嬌，但是它會開出嬌艷美麗的花朵回饋照顧者，會長得枝葉繁盛光亮油綠，會幫你淨化空氣，能帶給你無比的成就感。

↣ 蔓藤植物的可塑性高，可自行發揮創造力。

Part 2

把綠意攬進居家空間

本章依照不同的居家空間，推薦適合的植物。
玄關、客廳、書房、餐廳、廚房、浴室及陽台，
其空氣濕度與空間光線都不同，
了解植物的屬性及照顧方式之後，才能常保綠意。

玄關 Hallway

*白鶴芋

花語	像風一樣爽朗
科屬	天南星科・多年生草本
學名	*Spathiphyllum sp.*

特徵

- 具短根莖；葉片為橢圓形或長橢圓形，前端尖銳，表面呈墨綠色帶有光澤；葉柄細長，有葉鞘。
- 花序自葉叢抽出而高出葉面，有顯著地白色「佛焰苞片」，常被誤認為花瓣，其實真正的花長在佛焰苞中，由基部長出一圓柱形之肉穗花序。肉穗花序上的花十分細小，呈白色至乳黃色。

栽培與繁殖

- 家庭繁殖可用分株法。
- 以5〜6月進行最好。將整株從盆內脫出，從株叢基部將根莖小心地撥開，每叢至少有3〜4枚葉片，分栽後放在半陰處待其恢復即可。

小叮嚀 植株長太大，葉子太多時，植株中央不易照射陽光，可修除一些以利開花。但最好在12月前後，春季生長活動旺盛，不宜修剪。

✳ 日照需求　半日照。喜歡充足陽光，但是要避免春、夏季烈陽照射而曬傷。日照不足時白色的苞片會轉綠，陽光太烈時苞片會焦黑枯萎而失去觀賞價值。

⚡ 土　壤　栽培介質不拘，以排水良好為主，可以蛇木屑混合撕碎的水苔、珍珠石，或是以培養土混合蛭石、珍珠石。

💧 水　份　澆水可等盆土乾了再澆，或是看見植株的莖葉下垂，就表示缺水了。可適當補充水分。冬季水分蒸發較慢，澆水量宜減少。

🌀 施　肥　每三個月施用一次即可。宜少量多次。

🌀 挑選原則　避免下位葉黃化，或新葉皺摺、失色、皺縮狹小者。

月 份	1	2	3	4	5	6	7	8	9	10	11	12
觀花期	✳	✳	✳	✳	✳	✳	✳	✳	✳	✳	✳	✳
觀葉期	☘	☘	☘	☘	☘	☘	☘	☘	☘	☘	☘	☘

Q 我把家裡的白鶴芋帶到辦公室去，不到一個月所有的花梗及葉片都下垂，佛焰苞有的縮小有的枯萎，之後就不再開花了。為什麼會這樣呢？

🍂 枯黃的下位葉。

A 辦公室的冷氣往往很強而且時間又長，因此會大量吸取空氣中的溼度與土壤中的水分。到了下班時間冷氣會關閉，此時辦公室內的空氣悶熱不流通，在忽冷忽熱的情況葉片容易出現捲曲、變小、枯萎、脫落，花期縮短的現象。建議開啟冷氣一段時間之後，先等植物適應，再在植物週遭與葉片噴水保溼，或是下班前關掉冷氣之後再澆水。每週將植株移至室外透透氣，補充光合作用，讓植株慢慢適應辦公室的環境。

Q 白鶴芋分株之後，需要施肥嗎？

A 植物分株之後，會消耗許多元氣甚至傷到根系，所以需要時間適應新環境，此時不宜馬上施肥，以免增加植物的負擔。可以在分株一周之後，於植株周圍施加少許長效肥，讓肥料慢慢地釋出，補充養分的同時又不會造成肥傷。

*虎尾蘭

葉語	虎虎生風
科屬	龍舌蘭科・多年生肉質植物
學名	*Sansevieria trifasciata*

特徵

- 叢生的肉質葉摸起來有堅硬的感覺，葉片具有深綠色橫紋，葉片呈劍形。
- 葉片基部略為向內包覆，植株越大葉片越張開，且會像海帶一樣出現波浪狀的葉緣。
- 地下莖可冒出新芽，新芽可直接長成另一植株。
- 虎尾蘭也會開花，但不明顯。以盆栽種植時較少開花。花軸自葉中抽出，為圓錐花序，花呈白色至淡綠色。
- 因耐旱，耐陽光照射，是庭園景觀的首選植物之一。

小故事 虎尾蘭得名於其葉似蘭花葉，卻擁有老虎身上的斑紋，所以稱它為虎尾蘭。因分佈範圍普遍，生命力強，又名「千歲蘭」。但它並非蘭花之屬。有位朋友深愛虎尾蘭，種植了數十種虎尾蘭，問他為什麼如此著迷於它？他淡淡地說，因為虎尾蘭太耐命了，連迷糊的他都可照顧的很好，繁殖得很茂盛，因此很有成就感。

栽培與繁殖

- 家庭繁殖建議以分株或葉插法,春至夏季為適期。

- **葉插繁殖**:將葉片每15公分剪一段,扦插於砂土或細蛇木屑,保持濕度,約經三個月能發根,扦插時注意不可倒置。葉插法所得的幼苗,其葉片上的斑紋常會消失。

- **分株繁殖**:全年均能育苗,但以春季、夏季最佳,成株能在基部長出幼苗,可切取另植即得新株。

> **小叮嚀** 劍葉在生長期內,尖端的生長點會捲曲閉合呈暗褐色,到了休眠期才會舒展開來,初養者往往會認為是乾尖而剪除,導致葉片無法繼續長高。

♣ 成株基部長出的幼苗。

♣ 虎尾蘭生長點較脆弱易斷,須小心避免斷裂。

家庭園丁小百科

☀ 日照需求　半日照、全日照均可，但日照充足生育較旺盛。
　　　　　　養於室內時，每隔一個月需移至陽台補充光合作用。

🔆 土　　壤　栽培介質不拘，以排水良好為主。

💧 水　　份　盆土乾燥的時候，一次澆透。底部不可積水過潮，以免根部泡爛。

⚙ 施　　肥　在家庭管理中，一般植株無需施肥，如果施肥可選用長效粒狀肥料，二
　　　　　　到三個月施一次，這樣會使植株更加健壯。宜少量多次。

✌ 挑選原則　選擇葉形整齊、高度落差不大的植株，無焦葉、色感明確，也是挑選的
　　　　　　首項。

月　份	1	2	3	4	5	6	7	8	9	10	11	12
觀葉期	♣	♣	♣	♣	♣	♣	♣	♣	♣	♣	♣	♣

◎以盆栽種植時，因成長受限不會開花。

Q 鄰居家的花園裡有種植虎尾蘭，可以改種成盆栽放在室內嗎？怎麼種？

A 可以移植。但最好是移植母株基部旁新長出的幼苗，因為母株已經適應了室外的環境，若要改以盆栽種植於室內必須花相當長的時間重新適應，而幼株因為新生所以比較容易馴化。移植的時候記得多附帶一些宿土，基本上宿土量以2倍於根系範圍最佳。盆器選擇約略比土球直徑大1吋的盆栽來栽種，將新土填入植株與盆器的縫隙中，並將土壓時待其慢慢適應新土即完成移植。

Q 我用葉插法繁殖家裡的虎尾蘭，放在陽台上目前約2周了，有定期噴水但葉子好像越來越縮水瘦小，怎麼會這樣呢？

A 不管是什麼植物，利用葉插繁殖在長出根系之前，都是利用葉片上的毛細孔來吸收空氣中的水分，所以應該多在葉片上噴水保持溼度，以利葉片吸收。另外，扦插後的植株應該放在通風但陽光不直射的地方，以免水分蒸發太快影響生長，甚至乾枯無法成活。

*黃邊百合竹

葉語	健康長壽，青春活潑
科屬	龍舌蘭科・多年生常綠灌木
學名	*Dracaena reflexa*

特徵

- 樹幹直立，株高可達2公尺，養於盆栽則嬌小可愛。成株莖幹易彎曲傾斜。
- 葉呈劍狀披針形，無葉柄，具皮革的光滑質感，叢生於枝端，每一簇葉叢正面觀賞有如一朵花。
- 葉色翠綠，葉緣呈黃色。
- 台灣氣候炎熱，全年不見其開花。

栽培與繁殖

- 家庭繁殖可用扦插法較簡便易成活。
- 扦插以春、秋季為適期，剪取枝條每段10餘公分，並將葉片剪去1/2，以強迫生長，剩餘葉面仍可行光合作用。插於濕潤砂床或土壤，表土略乾就噴水以保持濕度。接受半日照，約經30-40天能發根。

> **小叮嚀** 顏色明亮青翠又容易照顧，是辦公室盆栽的熱門品種之一。幼株嬌小可愛成株高大有氣勢，隨著植株的成長幫它換盆換土，可以享受到無比的成就感，並且欣賞到不同風貌的百合竹之美。從3吋盆養到一公尺高約需五年時間。

家庭園丁小百科

- ☼ **日照需求** 半日照、全日照均可,但日照充足生育較旺盛,葉色較鮮艷。養於室內時,每隔半個月需移至陽台補充光合作用。
- ⚡ **土　壤** 以富含腐植質之壤土最佳,砂質壤土次之,排水需良好。使用一般土壤栽種時,可混入珍珠石、蛭石等增加排水性與通氣性。
- 💧 **水　份** 盆土乾燥的時候,一次澆透。底部不可積水過潮,以免根部泡爛。
- ✿ **施　肥** 每兩、三個月可施用一次長效性或有機肥料。宜少量多次。
- ✌ **挑選原則** 選擇枝幹不過分彎曲者,葉片翠綠沒有雜斑者為宜。

月　份	1	2	3	4	5	6	7	8	9	10	11	12
觀葉期	♣	♣	♣	♣	♣	♣	♣	♣	♣	♣	♣	♣

◎以盆栽種植時,因成長受限故不開花。

Q 我的百合竹葉子尖端出現焦褐色,有經常澆水但植株卻還是垂頭喪氣,不像剛買回來時那麼飽滿挺立,為什麼呢?

A 葉子出現焦褐色可能是以下情況:

🍀 焦黃的葉片。

1.太潮溼。 檢查根部是否有積水或是腐爛,若腐爛情形不嚴重,尚有二分之一以上的根系還完好,可修除已腐爛的根系,換上新盆與新土重新栽種。

2.陽光不足。 想想看是否已經超過一個月沒有接受到自然光的照射?若是如此,請逐步增加陽光照射量。採循序漸進式,第一周先移至日光散射處,第二週移植陽台半遮蔭處,第三週移至陽台無遮蔭處但須避開中午的烈陽直射。

3.日照過多。 若是種植陽光可直射的地方,很可能是因為陽光太強烈而造成葉燒,此時可將焦葉部分剪掉,移至半遮蔭處待其恢復即可。

*馬拉巴栗

葉語	發財滿意
科屬	木棉科·多年生常綠喬木
學名	*Pachira macrocarpa*

特徵

- 樹幹的基部肥大，株高可達一、二十公尺。
- 馬拉巴栗的葉片由5～7枚小葉組成像掌狀的複葉，像隻抓錢的手。小葉的形狀呈長橢圓形或倒卵形，葉的兩端銳尖。
- 每年4～11月間，中南部等氣溫較高的地區，馬拉巴栗都會開花，花為淡白綠色的五瓣大花，花朵受粉後會結出卵圓形的蒴果。但以盆栽種植時則因成長受限而不會開花結果。
- 蒴果內有種子，成熟的種子呈咖啡色，可炒食，味道類似花生，所以馬拉巴栗又被稱為「美國土豆」。

🍂 未成熟的馬拉巴栗種子。

栽培與繁殖

- 家庭繁殖建議以種子繁殖或扦插繁殖為主。也可水耕。
- 以種子播種的成株，才會產生基部膨大的效果，如採扦插，則枝幹不易變粗，但可塑型。許多盆栽業者會將扦插成株的馬拉巴栗編成各式各樣的形狀，最常見的有麻花瓣狀、籬笆狀，或是簡單的打個八字節，都極具造型感。
- **扦插繁殖**：選擇有頂芽的新生枝條，並提供高溼度的環境。扦插過程中要避免失水，在花盆上蓋一層保鮮膜保濕，放在充分明亮但陽光不直射處，讓植物有足夠的光合作用可促進發根。
- **水耕繁殖**：將幼株從原盆器中脫盆，洗淨泥土，選擇乾淨盆器先將植株擺放入盆器中，填入發泡煉石至植株能固定為止。澆水至根部完全浸泡在水面下即可。切忌莖部不可泡水，以免感染腐爛。

(小叮嚀) 莖枝如有抽高徒長現象，應儘速修剪，以保持樹形完整。春季修剪可促進新葉生長。

♣ 徒長的枝葉。

♣ 麻花瓣造型。

♣ 八字結造型。

♣ 以種子繁殖莖的基部有膨大的效果。

家庭園丁小百科

- ☀ **日照需求** 半日照、全日照均可，但日照充足生育較旺盛。養於室內時，每隔一個月需移至陽台補充光合作用。
- ⚡ **土　壤** 栽培介質不拘，以排水良好為主。但水耕時不可帶有泥沙。
- 💧 **水　份** 盆土乾燥的時候，一次澆透。若室內通風良好約一週澆一次。
- ⚙ **施　肥** 在家庭管理中，一般植株無需施肥，如果施肥可選用長效粒狀肥料，二到三個月施一次，這樣會使植株更加健壯。宜少量多次。
- ✌ **挑選原則** 樹幹粗壯，葉色油綠，枝葉挺拔是選擇要點。

月　份	1	2	3	4	5	6	7	8	9	10	11	12
觀葉期	♣	♣	♣	♣	♣	♣	♣	♣	♣	♣	♣	♣

◎以盆栽種植時，因成長受限故不開花。

Q 馬拉巴栗要怎麼修剪才會越長越好？

A 修剪植物的原則，基本上就是將新生頂芽剪掉，以促進植株長出更多的側芽。因為植物的新生芽一旦被剪掉，為了生長，它們會在下一段莖節中一次多長出2-3個新側芽，一個變二個，兩個變四個，原本稀稀疏疏的枝條就會長的越來越茂密了。

Q 什麼是徒長？植物徒長是不好的嗎？

A 當植株的日照不足，或是枝葉太茂密時，中央部位的枝葉因為照不到陽光，就會往上生長，突出於周遭葉面之上，以接收上部的陽光。徒長的枝葉因為會改變植株的整體型態，所以通常都會建議修剪掉，以免影響植株美觀。另外，若是小品盆栽，修掉多餘的枝葉，也可以減少養分的消耗，讓其他枝葉長得更好。

Living Room 客廳

*火鶴

花語	新婚、熱情、煩惱
科屬	天南星科・多年生草本
學名	*Anthurium andreanum.*

特徵

- 屬於根出葉型，即從根部直接長出葉片，由短莖生出葉柄及葉片。
- 生長緩慢，葉片每年只萌發出3～4枚，呈鮮綠色的長橢圓心臟形或卵圓形。
- 花梗長，頂端長出狀如葉片的「佛焰苞片」，常被誤認為花瓣，其實真正的花長在佛焰苞中，由基部長出一圓柱形之肉穗花序。肉穗花序上的花十分細小，開花初期略帶黃色。
- 切花品種多，顏色豐富多變，盆栽品種則種類較少，且顏色不如切花種鮮豔，花朵也較小，但因全年皆可觀葉、觀花，仍然受到市場歡迎。

栽培與繁殖

- 家庭繁殖建議以分株繁殖、莖節切段較簡便。種子繁殖須經約2年的營養生長，才會開花。
- **分株繁殖**：在自然狀態下火鶴花會自植株基部產生新芽。當新芽發育到5公分或已具有2～3條發育正常的根時，即可分株移植，另培育為新的幼苗。
- **莖節切段**：若有著生根（莖或球根附近另長出的根），則可切取繁殖，放置於濕潤的土壤中以促進長出新植株。

小叮嚀 火鶴喜潮濕，經常在葉面及周遭噴水增加溼度可促進生長。

♣ 種植多年的火鶴，會長出著生根。

家庭園丁小百科

- ☀ **日照需求** 半日照。日照充足時生育較旺盛,苞片顏色較艷麗。
  養於室內時,每隔半個月需移至陽台補充光合作用。

- ⚡ **土　　壤** 透水性佳的砂質土壤為宜,避免溼度過高之介質。
  可以蛇木屑混合撕碎的水苔、珍珠石,或是以栽培
  土混合蛭石、珍珠石。

- 💧 **水　　份** 盆土乾燥的時候,一次澆透。底部不可積水過潮,
  以免根部泡爛。

- ❋ **施　　肥** 每兩、三個月可施用一次長效性或有機肥料。宜少
  量多次。

- ✌ **挑選原則** 苞片無蟲斑且完整無凹折;色澤鮮艷具蠟質光澤者。

♣ 苞片有凹折。

月　份	1	2	3	4	5	6	7	8	9	10	11	12
觀花期	✳	✳	✳	✳	✳	✳	✳	✳	✳	✳	✳	✳
觀葉期	♣	♣	♣	♣	♣	♣	♣	♣	♣	♣	♣	♣

Q&A植物急診室

Q 我的火鶴買回來之後擺在客廳,每天都有澆水,可是沒幾天就開始乾枯了,為什麼會這樣呢?

A 火鶴雖然喜歡潮濕,但是必須注意根部不可積水。室內盆栽其實可以不必每天澆水,因為室內的水分蒸散量比較低,有時候表土摸起來乾乾的,但是內部還是充滿水分。一旦根部腐爛,植株無法吸收水分,莖葉就會開始枯萎。這時候趕緊將植株脫盆,檢查根部的腐爛情況,若還有二分之一以上的根部沒有腐爛,表示還有救,必須立刻清除腐根,重新換土換盆。

*仙丹

花語　團結

科屬　茜草科‧多年生常綠灌木

學名　*Ixora stricta* Roxb.

特徵

- 仙丹花全株枝條向上挺直生長。
- 葉子對生，表面光滑具有皮革質感，呈倒卵形或是橢圓形。一般長度約9公分～12公分，寬約4公分～5公分。葉表是深綠色，葉背顏色較淺。
- 洋仙丹花的葉形呈長橢圓形，表面的葉脈比較明顯。
- 花屬於頂生的繖房花序，即從莖部頂端長出一簇簇的花叢。每簇花叢大約有20～30朵小花，整體呈現一個大圓球狀，花團錦簇，形似繡球所以別稱為「紅繡球」。
- 洋仙丹花一樣有20～30朵小花聚集生長，但其外型大多為半圓型，花瓣比較尖長。

小故事　傳說中，在很久以前，有一對母子住在深山中，母親體弱多病，兒子非常擔心，就在每天的早晨去採藥，有一天偶然採到了仙丹花，竟把母親的病治好了，後來人們就叫這種花做「仙丹花」。

因為『仙丹花』的名字有修『仙』煉『丹』的意思，所以許多廟宇都會在廟的內外庭園裡，種上幾盆的仙丹花！

栽培與繁殖

- 家庭繁殖以扦插法為主。在春夏季生長旺盛的季節，取半成熟枝條扦插大部份均能成活。

- **扦插法**：剪取一段枝條約10餘公分，並將葉片剪去1/2，以強迫生長。插於濕潤砂床或土壤。接受半日照，約經30～40天能發根。

- 注意水分的保持，定期噴霧保濕以免介質太溼、葉又太乾，而降低存活率。成活後先植於12公分小盆，新芽長出須經過2～3次的修剪以促使較多分枝發生。

> **小叮嚀** 水分不足或太悶熱時，花朵會掉落得十分嚴重。

♣ 修剪新芽以促進分枝發展。

家庭園丁小百科

❋ **日照需求** 半日照、全日照均可，但日照充足生育較旺盛，花色較艷麗。養於室內時，每隔半個月需移至陽台補充光合作用。

✦ **土　壤** 以富含腐植質之壤土最佳，砂質壤土次之，排水需良好。使用一般土壤栽種時，可混入珍珠石、蛭石等增加排水性與通氣性。

💧 **水　份** 栽植於盆栽內的泥土表面明顯乾燥，且以竹筷插入3公分深都沒有水分殘留時，即可澆水。

✿ **施　肥** 每兩、三個月可施用一次長效性或有機肥料。宜少量多次。

✌ **挑選原則** 枝葉繁茂，花色鮮豔，無乾枯者佳。

月　份	1	2	3	4	5	6	7	8	9	10	11	12
觀花期				✳	✳	✳	✳	✳	✳	✳		
觀葉期	♣	♣	♣	♣	♣	♣	♣	♣	♣	♣	♣	♣

Q 從花市買回來的仙丹需要先進行換盆嗎？

A 一般從花市買回來的盆栽都不需要立刻換盆。因為植物剛從農場的專業養顧環境中轉換到一般居家環境，整體都還在適應中，保留農場裡的宿土對植株來說具有保護與穩定作用，待一、二個月後植株已適應新環境的光線、溫度與溼度之後，再進行換盆會比較恰當。但換盆的時候也必須多保留宿土，再額外添加新土，以免環境變化太大植株適應不良。

Q 扦插種植一段時間的仙丹好像都沒有長大或長的更茂盛，正常嗎？要怎麼讓它長快些？

A 正常。植物生長速度依品種不同差異甚大。若想促使植株長的更快可施加生長劑。生長劑有分果樹用，草花用，觀葉植物用等，若自己不知道該買哪一種，可直接告訴店家是哪一種植物要用的生長劑即可。

*擎天鳳梨

花語	好運財運旺旺來
科屬	鳳梨科・多年生草本
學名	*Guzmania cv. Amaranth*

特徵

- 其植株呈蓮座狀或漏斗狀，中央有一蓄水的水槽。葉型為寬帶狀，呈綠色，葉緣無齒而光滑。
- 穗狀花序從葉筒中央抽出，具有觀賞價值的部分是紅色的花萼和苞片，而真正的花朵反而沒有觀賞價值。
- 花梗生於苞片之內，全部被綠色或紅色的苞片包裹，在頂端有一個由紅色、黃色、或白色的花苞片組合而成的星形或錐形花穗。開花時才伸出苞片外。
- 少數種類的花穗不成星狀，而是由直立疏生的花苞片構成，外形如爆竹串狀。

栽培與繁殖

- 家庭繁殖較不易成功。商業生產則利用組織培養或蘖芽繁殖。也可用播種法繁殖。
- **播種繁殖**：取成熟蒴果內的粒狀種子，整齊排放於苗床中，再輕覆一層薄土，並加蓋一張棉紙再噴水。待約一個多月即可發芽。

> **小叮嚀** 澆水時避免水分積在蓮座狀的葉筒中以免植株腐爛。在強光乾燥，葉片會從葉緣向內捲，嚴重者心部幼葉也會黏著無法伸展，俗稱「包心」。

家庭園丁小百科

☀ **日照需求** 半日照、全日照均可，但日照充足生育較旺盛，苞片顏色較艷麗。養於室內時，每隔半個月需移至陽台補充光合作用。

🌱 **土　　壤** 透水性佳的砂質土壤為宜，避免溼度過高之介質。可以蛇木屑混合珍珠石，或是以培養土混合蛭石、珍珠石。

💧 **水　　份** 盆土乾燥的時候，一次澆透。底部的根與蓮座狀的葉筒不可積水，以免腐爛。

🟢 **施　　肥** 每兩、三個月可施用一次長效性或有機肥料。宜少量多次。

✌ **挑選原則** 花色豔麗，葉片鮮綠直挺者佳。

月　份	1	2	3	4	5	6	7	8	9	10	11	12
觀花期	✳	✳	✳	✳	✳	✳	✳	✳	✳	✳	✳	✳
觀葉期	♣	♣	♣	♣	♣	♣	♣	♣	♣	♣	♣	♣

◎正常開花期3～5月，商業催花期12～2月。

🍀 褪色的擎天鳳梨。

Q 從花市買回來的擎天鳳梨大約每隔2～3天澆水一次，但是才過二週就褪色乾枯了，為什麼？

A 首先請檢查土壤是否過於潮濕，根部有沒有腐爛的問題。也可能是居家空氣不流通，導致植株生病。褪色可能是日照不足，將植株移到陽台補充光合作用，但須避免烈陽直射，應該就能夠慢慢回復鮮豔色彩。

Study Room 書房

*心葉毬蘭

葉語	我的愛情
科屬	蘿藦科・多年生蔓性草本
學名	*Hoya kerrii*

特徵

♣ 斑葉毬蘭。

- 單葉對生，葉呈愛心狀，光滑亮面。另有斑葉品種，葉緣呈綠色中間有一黃色條紋斑。
- 花為十幾朵小花簇生呈球形的繖狀花序，花冠上有一輪光澤鮮麗的「副花冠」，使整簇花如同一個花球般，小花外部呈乳白色，中心淡紅色，夏、秋季自葉腋處開出星形的小花，具有特殊香味。

栽培與繁殖

- 家庭繁殖以扦插為主。
- 5～9月採取莖梢的2～3節做插穗。可將葉片剪去1/2，以強迫生長。插於河砂或珍珠砂的插床中。約2～3周即出新芽。成活後需3年後才會開始開花。
- 扦插存活的枝條一旦開始開花，就會持續開，在北部栽種從春天到秋天都是花期。

小叮嚀 因為毬蘭的花會從花梗尖端不斷分化出來，因此勿將花梗拔去，只需移除殘花。舊花梗越多，隔年會從老枝條長出新花梗就越多。

♣ 斑葉毬蘭的花。

家庭園丁小百科

☀ **日照需求** 喜歡充足陽光，但是要避免春、夏季高溫烈陽照射。養於室內時，每隔一個月需移至陽台補充光合作用。

🌱 **土　壤** 以富含腐植質之壤土最佳，砂質壤土次之，排水需良好。使用一般土壤栽種時，可混入珍珠石、蛭石等增加排水性與通氣性。

💧 **水　份** 等盆土乾了再一次澆透，根部不可積水以免腐爛。冬季澆水量宜減少。

⚙ **施　肥** 生長期時每三個月施用一次即可，宜少量多次。

🖐 **挑選原則** 選擇葉形飽滿光亮者，顏色不宜淡白呈灰，越青綠越好。

月　份	1	2	3	4	5	6	7	8	9	10	11	12
觀花期						✳	✳	✳				
觀葉期	♣	♣	♣	♣	♣	♣	♣	♣	♣	♣	♣	♣

Q 我自己單葉扦插的心葉毬蘭好像越來越瘦了，雖然葉色還是很綠，但本來厚厚的葉片變得好薄。檢查根部發現已經有長出新的根鬚了，為什麼還會變瘦呢？

A 以葉子扦插的時候，因為新植株需要專心發展新的根系，所以葉子的養分供應會變少，甚至將葉子本身的養分提供給根系使用，因此葉子部份會越來越瘦小。只要有順利長出新的新系請持續照顧，待根系發展完善之後，葉子就能重新得到充足的養分，而漸漸長得越來越好了。

*仙人掌

葉語	假面的偽裝
科屬	仙人掌科‧多年生多肉植物
學名	*Cactus*

特徵

- 葉退化成刺針形、毛刺形，莖部肥大富水份。品種多達3000種以上，株形各各不同。有柱狀、球狀、群生狀。有些品種會開花，部分品種可食用。

- 由外型來區分，大致可分九大類：麒麟木類、團扇類、節段類、葉型森林性類、葉型疣狀類、疣粒類、球形類、攀爬性類、柱形類。

栽培與繁殖

- 家庭繁殖以扦插繁殖最簡單方便成活率高。

- 從生長勢強、無病蟲害的母株上選取生長健壯、成熟的莖節作插穗。用酒精消毒過的刀具從母株上切取插穗。切取後的插穗不宜立即扦插，先待切口乾涸、莖肉開始收縮後才扦插。將插穗基部淺埋入土壤內，切忌過深，以免造成腐爛。再用雙手輕輕壓緊插穗兩旁的土，使其與土密接。

小叮嚀 光照愈長愈強，需水愈多；反之愈少。仙人掌多具有硬刺，不管是澆水或是移植換盆，都須特別小心。最好是戴上橡膠手套或是以攝子輔助。

家庭園丁小百科

☀ **日照需求**　長日照。因馴化能力強，養於室內時，每隔半年移至陽台補充光合作用即可。

⚡ **土　　壤**　透水性佳的砂質土壤為宜，避免溼度過高之介質。可以蛇木屑混合珍珠石，或是以培養土混合蛭石、珍珠石。

💧 **水　　份**　每隔一、二週澆一次，並且一次澆透。應在早上或傍晚，切勿在烈日當空下澆水，否則會影響仙人掌正常的發育。

🌐 **施　　肥**　較不需施肥，若株種大型，可選擇6個月施肥一次，施綜合肥。

✌ **挑選原則**　有刺仙人掌需挑刺明顯、健壯者。無明確刺的仙人掌選擇株形飽滿者。

月　份	1	2	3	4	5	6	7	8	9	10	11	12
觀花期						◎因品種各異						

Q 放在電腦桌前的仙人掌好像越來越縮水，怎麼會這樣？

A 仙人掌越養越縮水，可能是長期水分不足或是過潮導致根部受損，可檢查土壤與根部的水分。若排除水分問題，可能是長期沒有接受自然光的照射，光合作用不足，導致植株無法吸收足夠的養分與水分，反而消耗莖部的養分，因此才會越來越縮水。建議換個能接受日照的環境一段時間，待其恢復之後再重新移至室內觀賞。

*袖珍椰子

葉語	團結
科屬	棕櫚科・多年生常綠灌木
學名	*Chamaedorea elegans*

特徵

• 袖珍椰子又稱矮棕、矮生椰子、袖珍椰子葵。袖珍椰子盆栽高度一般不超過1公尺。

• 莖幹直立，叢生而不分枝，呈深綠色，具有不規則花紋。

• 葉一般著生於枝幹頂端，葉形成羽狀散裂，裂片為披針形互生，顏色為深綠色，具有光澤。

• 種植於盆栽時，因成長空間受限因此不會開花。

栽培與繁殖

• 家庭繁殖可採分株繁殖。

• **分株繁殖**：全年均能育苗，但以春季、夏季最佳，成株能在基部長出幼苗，待幼株成長後，可直接以手分開株叢另植即可。

♣ 叢生的基部。

小叮嚀 袖珍椰子在高溫高濕下，易發生褐斑病。在空氣乾燥、通風不良時也易發生介殼蟲。

家庭園丁小百科

- ☀ **日照需求** 喜歡充足陽光，但是要避免春、夏季高溫烈陽照射。養於室內時，每隔一個月需移至陽台補充光合作用。

- 🌱 **土　　壤** 栽培介質不拘，以排水良好為主，可以蛇木屑混合珍珠石，或是以培養土混合蛭石、珍珠石。

- 💧 **水　　份** 等盆土乾了再一次澆透，冬季澆水量宜減少。

- ✴ **施　　肥** 在家庭管理中，一般植株無需施肥，如果施肥可選用長效粒狀肥料，二到三個月施一次，這樣會使植株更加健壯。宜少量多次。

- ♨ **挑選原則** 株形優美，姿態秀雅，葉色濃綠光亮。

月　份	1	2	3	4	5	6	7	8	9	10	11	12
觀葉期	♧	♧	♧	♧	♧	♧	♧	♧	♧	♧	♧	♧

◎以盆栽種植時，因成長受限故不開花。

Q 我家的袖珍椰子是用無洞的盆器栽種的，平均每周澆水一次，種了大約一個多月了，植株好像越來越矮小，怎麼會這樣呢。

A 使用無洞盆器來栽種植物時，須特別注意積水問題。通常室內的盆栽水分蒸散量低，澆一次水可維持一周至10天，但因每個家庭的居家環境條件不同，仍需以竹筷插入土中測試水分含量，再決定需不需要再次澆水。

*酒瓶蘭

葉語	醉（最）相思
科屬	龍舌蘭科・多年生常綠喬木
學名	*Nolina recurvata (Lem.) Hemsley*

特徵

- 株高可達10公尺，莖幹直立，下部肥大，形狀像酒瓶。
- 老株表皮會龜裂，狀如龜甲，很有特色。
- 葉呈線形，邊緣具有肉眼看不到的細齒，軟垂而下，狀如毛髮。
- 市面上販售的酒瓶蘭有兩種型態。一種是從膨大莖部頂端長出長細葉的株型，一種是切頂繁殖後，從切口兩旁長出較短細葉的株型。

栽培與繁殖

- 家庭繁殖可用播種法與切頂繁殖，春至秋季為適期。
- **播種繁殖**：在3～4月進行，播後約20～25天發芽。苗高4～5公分時可移植為盆栽，幼苗生長緩慢，第二年可供觀賞。
- **切頂繁殖**：將有葉子的部份（莖部頂端）切下來，植入苗盆中，保持溼度，數週後可發根。剩餘的莖部，其傷口會漸漸癒合，並且從傷口旁邊另外長出新的葉子，此時葉子會比第一次長出來的更纖細。
- 生長緩慢，從種子長成樹至少需十幾年時間。種於盆栽則能維持嬌小迷你的株型。

- 左圖：切頂繁殖前只有一叢葉子。
- 右圖：切頂繁殖後，另長出三叢葉子。

小叮嚀 酒瓶蘭的葉子因邊緣有肉眼看不見的細齒，稍一不慎容易割傷皮膚，栽種或移動盆栽時，可穿戴手套與長袖衣服，以免受傷。

家庭園丁小百科

☀️ **日照需求** 半日照。養於室內時,每隔三個月移至陽台補充光合作用。

🔋 **土　　壤** 透水性佳的砂質土壤為宜,避免溼度過高之介質。

💧 **水　　份** 盆土乾燥的時候,一次澆透。底部不可積水過潮,以免根部泡爛。

⚙️ **施　　肥** 生育期每2～3個月施肥一次,氮、鉀比例增加,可使枝葉較濃綠富光澤。宜少量多次。

✌️ **挑選原則** 樹幹粗壯,葉長、葉色深綠者。

月　份	1	2	3	4	5	6	7	8	9	10	11	12
觀葉期	♣	♣	♣	♣	♣	♣	♣	♣	♣	♣	♣	♣

◎以盆栽種植時,因成長受限故不開花。

Q 酒瓶蘭的莖部越來越乾枯,變得不飽滿可愛,是水分不夠嗎?

A 首先檢查根部水分是否不足或過潮,此兩種情況都會導致根部無法吸水,植株乾枯無生氣。
也有可能是室內空氣過於悶熱,通風不良所造成。

餐廳 Dining Room

*佛手芋

葉語　健康如意

科屬　天南星科‧多年生草本

學名　*Chinese taro；Chinese ape*

特徵

- 根莖粗短呈肉質狀；莖高30～80公分，具環形葉痕。

- 葉片呈半盾狀著生或寬卵狀，前端銳尖。

- 花序柄常單生，外覆佛焰苞，呈綠色肉質

♣ 莖上有環形葉痕。

狀，雌花在下，雄花在上，中央為中性花。漿果為球形。

- 以盆栽種植，因成長受限不會開花。

栽培與繁殖

- 家庭繁殖可用分株法。也可水耕。

- **分株繁殖**：小心將整株從盆內脫出，從株叢基部將根莖切開，每叢至少有3～4枚葉片，分栽後放在半陰處待其恢復。

- 也可將肥大的莖部分切，每塊均帶芽眼，栽植入土即可長成新株。

小叮嚀　全株有毒，根莖毒性較強。成株過分擁擠時要強制分株種植。

♣ 塊莖上的芽眼。

♣ 分株時每一個株叢都需保留部份根莖與葉叢。（圈選部位為葉叢）

♣ 切開後，待傷口收縮乾燥後再進行移植。

家庭園丁小百科

* ☀ 日照需求　半日照或全日照。但是要避免春、夏季高溫烈陽照射。養於室內時，每隔一個月需移至陽台補充光合作用。

* ⚡ 土　　壤　以疏鬆肥沃，富含腐植質之壤土最佳，砂質壤土次之，或泥炭土拌入少許珍珠石。排水需良好。

* 💧 水　　份　盆土乾燥的時候，一次澆透。底部不可積水過潮，以免根部泡爛。

* ✤ 施　　肥　在家庭管理中，一般植株無需施肥，如果施肥可選用長效粒狀肥料，二到三個月施一次，這樣會使植株更加健壯。宜少量多次。

* ✌ 挑選原則　莖幹肥大葉色油綠者。

月　份	1	2	3	4	5	6	7	8	9	10	11	12
觀葉期	♣	♣	♣	♣	♣	♣	♣	♣	♣	♣	♣	♣

◎以盆栽種植時，因成長受限故不開花。

Q 如何判斷佛手芋有沒有分株成功呢？

A 看看根系有沒有發展出來就知道了。用手輕輕拉起植株，若感覺一下子就被提起來，表示根系尚未發展；若感覺底下有一些拉力，表示已經有根系長出所以有抓住土壤。注意力道需輕柔以免傷害到脆弱的根系。切不可經常將土撥開查看根部，以免影響植株的生長。

Q 我的佛手芋是水栽的，養一個多月了，新生的葉子卻發黃，在莖部都會長上一層白色像是發霉的樣子，請問這樣是生病了嗎？

A 新葉變黃的話則有可能佛手芋的地下莖爛掉了，可先將佛手芋的塊莖取出，捏捏看塊莖是軟的還是硬的，若是軟的就是爛掉，回天乏術了，若是硬的就還有救。水栽佛手芋時，不可將塊莖泡在水中，只需將水加至根系可吸到水的程度就可以，至於莖部發霉的情形有可能是因為太潮濕所造成的狀況，可將莖部霉狀物用衛生紙或是不要的牙刷擦拭或刷洗乾淨即可。

*合果芋

葉語	隨性的安適
科屬	天南星科・多年生蔓性草本
學名	*Syngonium podophyllum*

特徵

- 年老的合果芋葉型會出現三到五裂，幼葉呈箭形的單葉，葉片呈綠色且質薄；成長到老葉時，會形成了掌狀5～9裂，葉徑達25cm，葉色加重，質地也加厚。另有斑葉品種。

- 其蔓生性良好。蔓性的莖由節處長出氣根，植株體內有白色乳汁，匍匐或攀附支柱物向上生長。

♣ 不同品種的合果芋，葉形各異。

♣ 綠精靈合果芋，顏色比較青綠。

栽培與繁殖

- 可土耕也可水耕。家庭繁殖可用扦插和分株法。

- **扦插繁殖**：先切取含有2～3片葉子的莖枝一段，將靠近根部的一端用水苔包裹，置入盆中，約15～20日後即會發根，待發根後再移入土壤中種植。成株後可考慮每年換盆加大或分株。

- **分株繁殖**：將整株從盆內托出，從株叢基部將根莖用手輕輕撥開，每叢至少有3～4枚葉片，分栽後放在半陰處待其恢復。

- **水耕繁殖**：脫盆後用手撥開株叢，將泥土洗淨，養於裝水的盆器內即可。加入石頭穩定根部或選擇有顏色的環保玻璃做層次變化。

♣ 分株繁殖。

♣ 水耕繁殖。

> **小叮嚀** 生長快速的合果芋最好每年換盆，或是經常分株，以利新根生長。不換盆則葉片會慢慢變小。斑葉品種光線要稍強，忌全天強烈日光直射。

家庭園丁小百科

☀ **日照需求** 半日照。斑葉品種光線要稍強，忌全天強烈日光直射。養於室內時，每隔半年需移至陽台補充光合作用。

💧 **土　　壤** 栽培介質不拘，以排水良好為主。但水耕時不可帶有泥沙。

💧 **水　　份** 春、夏、秋季，是合果芋的生長期，應常保持盆土溼潤，冬季為其休眠期，盆土乾了再一次澆透即可。

⚙ **施　　肥** 在家庭管理中，一般植株無需施肥，如果施肥可選用長效粒狀肥料，二到三個月施一次，這樣會使植株更加健壯。宜少量多次。

✋ **挑選原則** 莖葉挺而飽滿者，葉無葉斑，葉形完整者。

月　份	1	2	3	4	5	6	7	8	9	10	11	12
觀葉期	♣	♣	♣	♣	♣	♣	♣	♣	♣	♣	♣	♣

◎以盆栽種植時，因成長受限故不開花。

Q&A植物急診室

Q 水耕的合果芋剛開始長得很好，但是最近顏色開始褪色，甚至有些葉片部份變成半透明狀，為什麼會這樣呢？

A 室內水耕的合果芋若缺乏陽光就會褪色，嚴重者會變成半透明狀。建議可以將植株移到有陽光照射之處，但須避免烈陽直射，以免增色不成反而曬傷。

Q 我用水養的合果芋怎麼會有臭味？

A 可能太久沒換水，或有根部腐爛的問題。可先將植株泡水的部份清洗乾淨，再將爛根剪除，用清水浸泡一段時間再重新以土種植。若仍想繼續水耕，建議每周完全換水一次，除了可防止合果芋發爛發臭之外，也可避免蚊蟲在水面產卵，日後滋生蚊子。

*長壽花

花語	堅忍、好運齊來
科屬	景天科·多年生草本
學名	*Kalanchoe blossfeldiana*

特徵

- 長壽花葉片肥厚，多水分，具圓齒狀的葉緣，葉片呈深綠色。具有蠟質和光澤。
- 花為傘狀花序。由許多小花形成一個較大的花簇。花色有紅、紫紅、金黃、杏黃、橘黃、白、水紅、淡紫和兩色混雜等等。

栽培與繁殖

- 家庭繁殖可用扦插法。
- **葉插繁殖**：可於五至六月進行。取成熟之葉片，留葉柄長約5～7公分，先陰乾一天待切口乾後再斜插入河砂中，葉片不可接觸到砂土，砂土保持濕潤，放置於通風陰涼處約半個月可發根。
- **莖插繁殖**：剪取葉莖每五公分一節為插穗，插於蛭石與珍珠石比例1：1之混合介質中，待發根後移入三吋盆（約扦插後2個月）。

♣ 長壽花的頂芽。

- 在九月前進行1～2次的摘心，促進分枝，花芽會較多。

小叮嚀　扦插時水分不可過多，以免腐爛。

家庭園丁小百科

- ☀ **日照需求** 半日照。養於室內時，每隔一個月需移至陽台補充光合作用。
- 🌱 **土　　壤** 以富含腐植質之壤土最佳，砂質壤土次之，排水需良好。使用一般土壤栽種時，可混入珍珠石、蛭石等增加排水性與通氣性。
- 💧 **水　　份** 盆土乾燥的時候，一次澆透。底部不可積水過潮，以免根部泡爛。
- ⚙ **施　　肥** 在家庭管理中，平常不需施肥，如果施肥可選用長效粒狀肥料，二到三個月施一次，這樣會使植株更加健壯。開花期可特別施加促花肥，幫助花朵盛開。
- ✌ **挑選原則** 選購節間緊密且花莖分枝多者，此外根部健康，根莖交接處無褐化者為佳。

月　份	1	2	3	4	5	6	7	8	9	10	11	12
觀花期	✻	✻	✻	✻	✻	✻	✻	✻	✻	✻	✻	✻
觀葉期	♣	♣	♣	♣	♣	♣	♣	♣	♣	♣	♣	♣

Q 家裡的長壽花接近盆土部分的莖變黑，可是上段的莖和葉還是綠色的，輕輕一撥就斷掉了，是生病了嗎？

A 植物變黑很可能是黴菌感染或是根部積水潰爛。可將變黑的部份修剪掉，剩下來的綠葉與莖部依舊可以扦插繁殖，不要丟棄。而剩餘的盆土因為已經遭到污染，不適合繼續種植其他植物以免傳染致病。

Q 我的長壽花已經謝了，請問謝了後該如何的保養呢？這次開花之後，是否就必須等到明年的花期了？

A 花謝之後，可將殘花與花莖一併剪除，因為花朵雖然謝了，只要留有花梗都還是會消耗養分。後續養顧還是一樣不需特別保養，定期施肥，注意水分保持不可過潮，待明年花期將到時，再施加催花肥即可順利開花。

廚房Kitchen

*長春藤

葉語　貴族之風、沉靜、安詳

科屬　五加科・多年生蔓性草本

學名　*Hederahelix*

特徵

- 木質莖，莖長可達3
  ～5公尺，多分枝，
  莖上有氣生根。

- 嫩枝條被有柔毛，
  呈鏽色鱗片狀，葉
  互生，具皮革質感
  ，油綠光滑。

🌱 莖上的氣根。

- 葉有兩型：營養枝之葉，呈三角形狀、卵
  形或戟形，長5～8公分、寬2～3公分；花
  果枝之葉，橢圓狀卵形，葉柄細長。

- 花為傘形花序，再聚成圓錐花序。在台灣
  因天氣熱甚少開花。

栽培與繁殖

- 家庭繁殖以扦插為主，也可水耕。

- **扦插繁殖**：剪取長約10公分的1～2年生枝
  條作插條，插在粗砂、蛭石為基質的苗床
  或直接插於具有疏鬆培養土的盆中。在溫
  度15～20℃左右時，約經兩周左右可生
  根。也可將母株走莖埋壓於沙土中，露出
  葉片，待節間生根後，可分段剪下種植。

- **水耕繁殖**：將母株的走莖剪取一段約10公
  分，洗淨泥土，插入裝水的盆器中，約2週
  左右可發根。

🌱 斑葉品種的長春藤。

小叮嚀　在春季常發生蚜蟲，在高溫
乾燥、通風不良條件下也容易發生紅蜘
蛛、介殼蟲為害，應注意防治。

家庭園丁小百科

❄ **日照需求** 半日照或全日照。但是要避免春、夏季高溫烈陽照射。養於室內時，每隔一個月需移至陽台補充光合作用。

💧 **土　　壤** 栽培介質不拘，以排水良好為主。但水耕時不可帶有泥沙。

💧 **水　　份** 等盆土乾了再一次澆透，冬季澆水量宜減少。

⊞ **施　　肥** 在家庭管理中，一般植株無需施肥，如果施肥可選用長效粒狀肥料，二到三個月施一次，這樣會使植株更加健壯。宜少量多次。

✌ **挑選原則** 葉色濃綠而有光澤，斑葉品種需挑選斑色明顯者。枝葉濃密無焦枯者佳。

月　份	1	2	3	4	5	6	7	8	9	10	11	12
觀葉期	♣	♣	♣	♣	♣	♣	♣	♣	♣	♣	♣	♣

◎在台灣因天氣炎熱故不開花。

Q 什麼時候該換盆呢？

A 當盆底有植物的根系竄出時，或是植株長的過於茂盛，導致盆栽頭重腳輕時就應該換盆。建議最佳的換盆時機可選在清晨天氣涼爽，或是接近傍晚時換盆。切勿在烈日當空時以免傷害根系。

*羅漢松

葉語	深思熟慮
科屬	羅漢松科・常綠大喬木
學名	*Podocarpus macrophyllus*

特徵

- 成株的樹冠廣而呈卵形，樹皮為灰白色，淺裂為薄鱗片狀剝落。

- 葉為披針形，表面呈暗綠色，背面灰綠色，互生，排列緊密。

♣ 羅漢松的種子。

- 種子呈卵形，有黑色種皮。
- 開花時不明顯，為黃綠色小花。種植於盆栽則因成長受限不會開花。

栽培與繁殖

- 家庭繁殖可用播種及扦插法。
- **扦插繁殖**：在3月上、中旬，選取健壯的一年生枝條，長8～12公分，去掉中部以下的葉片，插深4～6公分。苗木移植以春季3月最適宜，應多帶宿土。
- **播種繁殖**：於8月下旬採種，除去種托之後立即播種，或陰乾後以沙土埋藏保存，至次年2～3月春播。播種後覆蓋一層約2公分厚的土，出苗後需遮蔭。

（小叮嚀） 比較容易有蟲害，需常除蟲、修剪。

家庭園丁小百科

- ☀ 日照需求　養於室內時，每隔一週需移至陽台補充光合作用。
- ⚡ 土　　壤　以溼潤之壤土或砂質壤土為佳。
- 💧 水　　份　排水需良好。
- ⚙ 施　　肥　生育期每2～3個月施肥一次，氮、鉀比例增加，可使枝葉較濃綠富光澤。
- ✌ 挑選原則　注意沒有毛蟲，葉形完整，株形整齊的。

月　份	1	2	3	4	5	6	7	8	9	10	11	12
觀葉期	♣	♣	♣	♣	♣	♣	♣	♣	♣	♣	♣	♣

◎以盆栽種植時，因成長受限故不開花。

Q 將花市買回來的羅漢松種子森林，重新整理成單獨的小盆栽，要種多久才會長成一株小樹？

A 市面上看到的已長成完整樹型的羅漢松，都是農民在專業的養顧下，栽種數年之後的成果，如果要自行從幼苗種成小樹，所需要的時間更長，甚至長到一定高度之後就停滯，建議可定期施肥與施加生長劑，注意除蟲與疫病防治，適當換盆與換土，就有機會種出一棵高大挺拔的羅漢松了。

*美鐵芋

葉語	財源滾滾
科屬	天南星科·多年生草本
學名	*Zamia furfuracea*

特徵

- 又稱金錢樹。地下有球根，從自地下抽生出葉柄，葉為羽狀複葉，小葉對生，呈卵形，先端微尖，葉面明亮富光澤。
- 美鐵芋全年都可生長，但生長十分緩慢。單葉橢圓就像錢幣一樣，所以有「金錢樹」之稱。

栽培與繁殖

- 家庭繁殖可使用分株法。
- 將整株從盆內脫出，從株叢基部將球根切開，每叢至少有一株子株，待切口乾涸收縮再分栽，後放在半陰處待其恢復。保持濕度約需1～2週即可發根。

小叮嚀 深的盆器不利金錢樹的根系發展，可選用淺寬盆。

♣ 將基部的球根切開。

♣ 待切口收縮乾燥後再移植。

家庭園丁小百科

- ☀ **日照需求** 半日照。養於室內時，每隔三個月移至陽台補充光合作用。
- 🍃 **土　　壤** 透水性佳的砂質土壤為宜，避免溼度過高之介質。
- 💧 **水　　份** 盆土乾燥的時候，一次澆透。底部不可積水過潮，以免根部泡爛。
- ⚙ **施　　肥** 生育期每2～3個月施肥一次，氮、鉀比例增加，可使枝葉較濃綠富光澤。宜少量多次。
- ✌ **挑選原則** 葉色濃綠，枝條直立者佳。

月　份	1	2	3	4	5	6	7	8	9	10	11	12
觀葉期	♣	♣	♣	♣	♣	♣	♣	♣	♣	♣	♣	♣

Q 室內的美鐵芋最近新長出來的枝條，都只長出一對葉子而已，不像之前長的老枝擁有六、七對的葉子，為什麼會這樣呢？

A 新枝只長一對葉子，應該是日照不足的緣故。植物利用綠葉行光合作用時，進行氣體交換與水分的輸送。葉子好比植物的心臟，像顆幫浦一樣把水分與養分從根部抽上來，輸送到全株各處。若日照不足，光合作用不盛，葉子自然無法有效的發揮作用，而植物為了減少養分與水分的消耗，就會變的生長緩慢或是停滯，或是長出較少的枝與葉。因此建議把生長停滯的植株移到室外曬曬太陽，讓它補充一下光合作用，待其恢復正常生長一段時間之後，再移至室內觀賞。

Q 美鐵芋容易生病嗎？常見的病蟲害有哪些呢？

A 美鐵芋基本上是生命力強不容易生病的。但是當植株周遭通風不良，高溫高濕時，容易發生褐斑病。此病多發生於葉片上，病斑呈近圓形，灰褐色至黃灰色，邊緣顏色略深。若有發病情況，須立刻摘除病葉並銷毀。

　　常見的蟲害有介殼蟲。當植株處於通風不良，光線欠佳的環境時，葉片易遭介殼蟲的刺吸危害。可用透明膠帶黏去蟲體及卵，或是以濕抹布擦去蟲體。除非嚴重到無法徒手清理乾淨，否則不建議用化學藥劑來除蟲，如此一來較不傷害植株也較為環保。

Q&A 植物急診室

PART 2

085

浴室 Bath Room

*山蘇

葉語	進步神速
科屬	鐵角蕨科‧多年生草本
學名	*Asplenium nidus L.*

特徵

- 葉片如海帶般，葉緣有波浪狀皺摺，呈細長條狀，葉面光滑明亮。另有葉緣平板無波浪的品種。

- 葉背之孢子囊群幾乎長滿葉背至葉緣處。

- 葉形優美，是插花時最好的陪襯材料，不易凋謝，其嫩葉為黃綠色，尖部呈蜷曲狀，質地嫩，可採食。

🍃 捲曲的嫩葉。

栽培與繁殖

- 家庭繁殖不易，建議直接購買幼株栽種。

- 盆栽山蘇的種苗皆以孢子播種為主，孢子播種雖然耗時但可獲得非常大量的種苗，從孢子播種經二次假植，然後種植到四吋盆，培養至葉片長30～40公分時至少需要兩年的時間，苗期在夏季生長旺盛期給予充足的水分和養分，可以縮短苗期。

> **小叮嚀** 山蘇每一輪有10～20片葉子，當葉片老化或有病蟲危害時應剪掉，以增加通風減少病蟲害發生。

家庭園丁小百科

- ☀ 日照需求　散射光。因性喜陰暗，所以需避免陽光直射。
- 🧭 土　　壤　栽培介質不拘，以排水良好為主。
- 💧 水　　份　盆土略乾就要澆水，底部不可積水過潮，以免根部泡爛。
- ⚙ 施　　肥　三個月施一次。宜少量多次。
- ✌ 挑選原則　株葉茂密，葉無焦黑、枯萎、皺縮者。

月　份	1	2	3	4	5	6	7	8	9	10	11	12
觀葉期	♣	♣	♣	♣	♣	♣	♣	♣	♣	♣	♣	♣

Q 用蛇木柱種在浴室的山蘇開始出現焦黃葉，每隔2～3天就會澆水，也隨時都有注意水分的多寡，為什麼還會枯萎呢？

A 蛇木柱的排水效果非常好，不容易積水。相對的，若稍不留意也可能出現缺水現象。

　　若排除水分因素，也有可能是室內環境過於悶熱不通風造成葉面焦枯。可將焦葉修除，植株移至通風處，待其恢復。焦葉剪掉雖然外型不好看，但基部會繼續長出嫩葉，過不久就可以重新展露可愛的風貌了。

*富貴蕨

花語	無欲無求的愛
科屬	烏毛蕨科・多年生草本
英名	*Blechnum gibbum*

特徵

- 富貴蕨又稱美人蕨,是一種高大的蕨類品種,屬樹蕨類。植株可以超過1公尺。主幹明顯而直立,高0.5～10餘公尺,直徑10公分以上。
- 樹幹頂端簇生數枚羽狀分裂的巨大羽葉(長可達1～2公尺),株形挺拔瀟灑。養於盆栽則生得嬌柔飄逸,羽葉宛如美女的秀髮,因此又被稱為美人蕨。

栽培與繁殖

- 盆栽的種苗皆以孢子播種為主,家庭繁殖較不易成功。
- 從孢子播種經二次假植,然後再移植到四吋盆,待葉片長至10公分左右時,需要半年以上的時間,苗期在夏季生長旺盛期給予充足的水分和養分,可以縮短苗期。

小叮嚀 是不耐低溫的蕨類,氣溫10度左右就停止生長,5度就左右就會落葉,15度以上需要充足澆水,對水份要求較高。

家庭園丁小百科

☀ **日照需求** 散射光。性喜陰暗，但也不能完全無日照，種植於室內時，偶而還是必須移到陽台補充光合作用。但需避免陽光直射。

🪨 **土　　壤** 栽培介質不拘，以排水良好為主。

💧 **水　　份** 盆土略乾就要澆水，但盆器底部不可積水，以免造成根部腐爛，空氣乾燥時要向植株及周遭噴水，以增加空氣濕度。

⚙ **施　　肥** 三個月施一次。宜少量多次。

🔍 **挑選原則** 主幹挺直，葉型完整，無焦黑、枯萎者佳。

月　份	1	2	3	4	5	6	7	8	9	10	11	12
觀葉期	♣	♣	♣	♣	♣	♣	♣	♣	♣	♣	♣	♣

Q 我家裡的浴室沒有對外窗，位於房子中央，平常都是開著抽風機來促進空氣流通，這樣的環境也可以種植富貴蕨嗎？

A 所有的植物不管如何的耐命，都不能缺少生命三要素：陽光、空氣、水。若家裡的浴室沒有對外窗，可以經常將植株移到有光線的地方補充光合作用。但是如果浴室裡的空氣不流通，很容易造成植株悶熱而枯萎，甚至發生疫病。除非浴室的抽風機是24小時開著的，否則不太建議種植富貴蕨，或許可試試看更耐命的水耕黃金葛，成活機率較大。

*銀脈鳳尾蕨

葉語	美麗
科屬	鳳尾蕨科・多年生草本
學名	*Pteris ensiformis*

特徵

- 銀脈鳳尾蕨又名白斑鳳尾蕨、斑紋鳳尾蕨。株高約20公分至30公分，叢生，具短小且匍匐生長的根狀莖。
- 葉為兩種羽狀複葉組成，一種為孢子葉，直立而高瘦，有明顯的葉柄，羽片細狹，葉背邊緣反卷為偽包膜，內藏孢子囊群；另一種為裸葉，較矮且呈羽狀展開，羽片短而寬、頭鈍，質薄如紙，葉脈部分為明顯的銀白色，綠色羽片中又帶銀白斑。全株呈灰綠色調，色彩與型態均浪漫雅致。

栽培與繁殖

- 家庭繁殖可用孢子播種及分株繁殖。
- 孢子播種可大量育苗，但需經一年以上才能成株，栽培環境宜蔭蔽，每年春季修剪或換土一次，剪除枯葉可促進新芽生長。
- **播種繁殖**：將成熟的孢子撒播在腐葉土與蛭石混合的介質上，噴水後放在通風且陰涼潮濕處，發芽後等小苗長到一定高度就可分苗移植。
- **分株法繁殖**：一般結合春季換盆進行，可在生長季節將母株旁萌生的子株挖出，另行上盆栽種即可。

小叮嚀 冬季減少澆水，保持盆土稍乾燥為宜，澆水和向植株噴水時注意不要過於冷涼，水溫與室溫接近為佳。

家庭園丁小百科

- ☀ **日照需求** 散射光。性喜陰暗，種植於室內時，偶而移到陽台補充光合作用。但需避免陽光直射，以免晒傷或失水過度。

- ⚡ **土　壤** 栽培介質不拘，以排水良好為主。

- 💧 **水　份** 盆土略乾就要澆水，但也不要使盆土長期處於積水狀態，以免造成爛根，空氣乾燥時要向植株及周遭噴水，以增加空氣濕度。

- ⚙ **施　肥** 三個月施一次。宜少量多次。

- ✌ **挑選原則** 根基部溼潤，綠意盎然，生氣勃勃者。

月 份	1	2	3	4	5	6	7	8	9	10	11	12
觀葉期	♣	♣	♣	♣	♣	♣	♣	♣	♣	♣	♣	♣

Q 鳳尾蕨聽說是可以食用的藥草，那銀脈鳳尾蕨也一樣可以食用嗎？

A 鳳尾蕨又稱鳳尾草，是坊間許多青草茶的主要原料之一，主要有清熱利濕、消腫解毒、涼血止血等功效。但是銀脈鳳尾蕨跟鳳尾蕨不一樣，目前沒有研究或是文獻紀錄銀脈鳳尾蕨可食用或是療效。建議還是養來觀賞即可，別打吃它的主意了。

♣ 半邊羽裂鳳尾蕨。

Q&A 植物急診室

*黃金葛

葉語	真心相對，無盡的愛
科屬	天南星科・多年生草本
學名	*Epipremnum aureum*

特徵

- 葉片質地厚，呈心形，葉面顏色有濃綠或黃白斑紋。葉互生，莖節生有氣根。
- 花為柱狀肉穗花序，外覆佛焰苞，苞片呈黃綠色。台灣天氣炎熱甚少開花。
- 只要有可供生長的支撐物，蔓莖可攀爬二十公尺以上。最特別的是，黃金葛離地面越遠的葉片會長的越大；若是種成吊盆，葉片向下垂懸，越接近地面的葉片則會越長越小。

栽培與繁殖

- 家庭繁殖以扦插與水栽皆可，春天種植較佳。
- **扦插繁殖**：切取8～10公分的莖梢，摘去部分葉片後，插入濕潤的混合培養土內，再用透明塑膠袋或保鮮膜罩住花器，以減少水分蒸散；置放於光線明亮處，待根部長出後，除去塑膠袋即可。
- **水栽繁殖**：剪下有氣根的莖節，插入水中，待氣根適應水中的環境後，便會萌芽。

小叮嚀 　黃金葛汁液具有毒性，接觸到會引起皮膚過敏發炎；若接觸到口部，則會造成嘴唇紅腫或引起腹瀉，所以在採摘或種植黃金葛後，一定要仔細地洗手。

家庭園丁小百科

- ☀ 日照需求　散射光。每隔半年移至陽台補充光合作用，避免高溫烈陽直接照射，以免燒傷。
- 💧 土　　壤　栽培介質不拘，以排水良好為主。
- 💧 水　　份　盆土乾燥的時候，一次澆透。底部不可積水過潮，以免根部泡爛。
- ⚙ 施　　肥　三個月施一次。宜少量多次。
- ✌ 挑選原則　葉子無斑點，葉面光亮翠綠。

月　份	1	2	3	4	5	6	7	8	9	10	11	12
觀葉期	♣	♣	♣	♣	♣	♣	♣	♣	♣	♣	♣	♣

◎以盆栽種植時，因成長受限故不開花。

Q 黃金葛的葉子有一半已經焦黃，一半還是正常的顏色，那麼是要把整葉都剪掉還是只要剪掉焦黑的部份就好？

A 葉子出現焦黃時，需儘快把焦掉的部份修剪掉，以免繼續蔓延。而剩餘的正常葉面仍舊可以行光合作用，所以不需要剪掉。

Balcony 陽台

*雪茄花

花語	低調的愛
科屬	千屈菜科・多年生常綠灌木
學名	*Cuphea hyssopifolia*

特徵

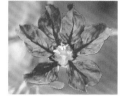

- 莖伏生而分枝,分枝直立,整體稀疏的布滿腺毛而粗糙。
- 葉呈線形或披針形,先端漸尖而基部鈍圓,葉柄短或無葉柄。
- 花小而數量多,腋生,具短柄,花色粉紅或粉紫色。
- 蒴果長橢圓形,似雪茄,因此稱為雪茄花。

栽培與繁殖

- 家庭繁殖可用扦插法或壓條法。
- **扦插繁殖**:剪一段老枝,修剪一些葉子,將枝條斜插在土裡,保持土壤濕潤,白天太陽大時蓋一張棉紙以免曬傷,約一週左右就會發根並長出新的枝葉。
- **壓條繁殖**:將過長的枝葉壓入土壤中,經過一段時間就會從芽點長出新的根系,此時再把新生的根系枝條剪下移植即可。
- **修剪**:冬季過後,清明節前宜剪枝,以利開花。

小叮嚀 一次澆水澆足,夏季更需注意水份。

家庭園丁小百科

- ☀ **日照需求** 半日照至全日照均可。喜充足的日照，但夏季避免高溫烈陽直接照射，可暫移至半蔭處，以免植物燒傷。
- ⚡ **土　壤** 適應各種土壤，對於土質不甚挑剔。但如果能提供排水性佳且富含有機質的土壤，將有助於其生長更為良好。
- 💧 **水　份** 夏日水分需求量大，早晚各澆一次，中午不宜澆水。其他季節待盆土乾了再澆水即可。
- ⚙ **施　肥** 每兩個月施肥一次。宜少量多次。
- ✌ **挑選原則** 枝條茂密飽水，無乾枯者佳。

月　份	1	2	3	4	5	6	7	8	9	10	11	12
觀花期	✳	✳	✳	✳	✳	✳	✳	✳	✳	✳	✳	✳
觀葉期	♣	♣	♣	♣	♣	♣	♣	♣	♣	♣	♣	♣

Q&A植物急診室

Q 我的雪茄花出現枝葉乾枯現象，有的只乾枯一半，有的在乾枯的枝條當中突然冒出新綠的葉子，跟枯葉交錯出現，這樣該怎麼修剪呢？

A 雪茄花的修剪，首重外型的雕塑。先把整體修剪出一個喜歡的架構之後，再一點一點的把內部乾枯的枝葉修掉。因為雪茄花喜歡陽光，但是其葉片薄小水分散失快，所以需要經常澆水，以免因日照旺盛使水分蒸發太快而缺水。一旦缺水就容易造成乾枯，所以修剪完之後，記得多補充水分，以免乾枯現象越來越嚴重。

*彩葉草

葉語	親愛的表現
科屬	唇形科 · 多年生草本
學名	*Coleus blumei Benth*

特徵

- 葉片大而明顯，兩兩對生，通常為盾形或倒卵型，基部寬或狹，葉緣呈現不規則波浪狀淺鋸齒或深裂。
- 品種多，顏色變化豐富；有暗紅、鮮紅、橙紅、粉紅、黃、綠和雜色，或鑲嵌或斑紋，形式各異，由上觀之，彷彿一幅美麗的花紋圖案。
- 花小，從成株頂端抽出花穗，呈藍紫或白色，不具觀賞價值。

栽培與繁殖

- 家庭繁殖以播種法、扦插法為主。
- **扦插繁殖**：以消毒過後之利刃或花剪擷取頂部三至五節枝條作為插穗，已抽出花穗者不宜，勿以手力直接扭斷，惟恐枝條纖維受傷，若是插穗葉片過多，可將葉片減少，或葉面減半，以降低水分散失。將插穗插於苗床約3～5公分深，隨時保持土壤濕潤，約10天便可以發根開始生長，待長出新葉4～6枚以後，便可移植。
- **播種繁殖**：因種子細小，直接以灑播於苗床，種子有好光性，不宜覆土。澆水需謹慎避免種子流失，待苗株高約3～5公分時便可移植。

小叮嚀 開花會消耗植株許多養分。所以一看見花苞就應該趕快摘除，以使葉色更加美麗。

家庭園丁小百科

- ☀ **日照需求** 半日照至全日照均可。
- 🌱 **土　壤** 適應各種土壤，對於土質不甚挑剔。但如果能提供排水性佳且富含有機質的土壤，將有助於其生長更為良好。
- 💧 **水　份** 夏日水分需求量大，早晚各澆一次，中午不宜澆水。避免盆器積水以免根部腐爛。其他季節待盆土乾了再澆水即可。
- ⚙ **施　肥** 每兩個月施肥一次。宜少量多次。
- 🌿 **挑選原則** 因為繁殖能力強、成長快，所以植株不宜挑選太大的。

月 份	1	2	3	4	5	6	7	8	9	10	11	12
觀花期			✳	✳	✳	✳	✳	✳				
觀葉期	♣	♣	♣	♣	♣	♣	♣	♣	♣	♣	♣	♣

Q 什麼叫做「摘心」？

A 摘心又稱為摘葉，就是把植株上方的分岔點也就是「芽點」摘掉。此芽點是植物分化的生長點，適度的摘心可刺激植株加速生長，植株高約5～10公分時，進行首次摘心，除了讓頂端分生更多側芽，還有利於日後株型更美，以及減少水分與養分的消耗。

成株頂端抽出花穗時，將花穗剪掉以免養分過度消耗，使葉子營養不足，葉形不美觀。

*五彩千年木

葉語	神采飛揚
科別	龍舌蘭科・多年生常綠灌木
學名	*Dracaena marginata Lam.*

特徵

- 又名紅邊竹蕉、彩紋竹蕉。莖纖細，莖幹呈圓狀挺直，高可達3公尺多。
- 葉呈長線形或狹劍形，長15～60公分，寬1～2公分，中間綠色，兩旁黃白色，邊緣帶紫紅色條紋，新葉上長，老葉垂懸，狀似雞毛撢子。
- 花為白黃或紅紫，花瓣6枚，為圓錐花序。但很少見其開花。
- 漿果為球形，熟時呈紅色。
- 葉片及根部能吸收苯、甲苯、二甲苯、三氯乙烯和甲醛並將其分解為無毒物質。

栽培與繁殖

- 家庭繁殖以扦插法為主。
- 以消毒過後之利刃或花剪擷取一節的莖節作為插穗，並將插穗上的葉片剪掉一些，或葉面減半，以降低水分散失並促其長新葉。將莖節插於苗床約3～5公分深，隨時保持土壤濕潤，待長出新的根系以及4～6枚新葉以後，便可移植。

（小叮嚀）　日照不足時，葉上的彩紋會逐漸變淡，此時需移至戶外補充光合作用。

家庭園丁小百科

- ☼ **日照需求** 半日照至全日照均可。夏季避免高溫烈陽直接照射,可暫移至半陰處,以免植物燒傷。

- 🍃 **土　　壤** 適應各種土壤,對於土質不甚挑剔。但如果能提供排水性佳且富含有機質的土壤,將有助於其生長更為良好。

- 💧 **水　　份** 盆土乾燥的時候,一次澆透。底部不可積水過潮,以免根部泡爛。長期水分不足時,葉子會呈下垂無力狀。

- ✴ **施　　肥** 三個月施一次。宜少量多次。

- ✋ **挑選原則** 莖幹直挺,越趨近圓形表示越飽水。葉色鮮艷者佳。

月　份	1	2	3	4	5	6	7	8	9	10	11	12
觀葉期	♣	♣	♣	♣	♣	♣	♣	♣	♣	♣	♣	♣

◎以盆栽種植時,因成長受限故不開花。

Q&A植物急診室

Q 前一陣子忘了幫彩虹竹蕉澆水,結果出現盆土劣化,土壤乾到水一澆就立刻從盆底漏光光,植株雖然看起來還好,但是根部有些許外漏情況,這樣還有救嗎?

A 首先觀察根部的毛細孔是否已經乾縮。若整個根系一半以上都乾枯了,表示已經回天乏術。雖然上部的葉子看起來還好,但基本上當根系已死時,葉子枯萎也是早晚的事。若乾縮情況不嚴重,可保留部分宿土重新換土培植,還是有機會成活的。

活力旺居家盆栽

106

*紫背鴨拓草

葉語	腳踏實地
科屬	鴨拓草科・多年生草本
學名	*Rhoeo spathacea Stearn*

特徵

- 又名紫錦草。葉片為長橢圓狀、披針形，先端漸尖，質地肥厚而略呈皮革質感
- 莖與葉背均呈濃紫色或暗紫色；葉面具白色與淺紫色的鮮豔的條紋，有軟絨毛，質厚而脆，易折。
- 夏季開花，花色為桃紅或粉紅，開於各分枝之頂端，外有蚌殼狀苞片保護。

栽培與繁殖

- 家庭繁殖可用種子及分株法、扦插法。
- **播種繁殖**：直接以灑播於苗床，覆蓋一層薄薄的壤土。澆水需謹慎避免種子流失，待苗株高約3～5公分時，便可移植。
- **分株繁殖**：將整株從盆內脫出，從株叢基部將根莖切開，每叢至少有3～4枚葉片，分栽後放在半陰處待其恢復。保持濕度約需1～2週即可發根。
- **扦插繁殖**：剪取帶葉的枝條，直接插入苗盆中，澆水保持濕度即能成長。

> **小叮嚀** 紫背鴨拓草的汁液具有刺激性，皮膚過敏者觸及汁液，常造成刺痛、紅腫和起疹子，數天後才會痊癒。若不小心觸及汁液可立即用水沖洗。

家庭園丁小百科

☀ 日照需求	半日照。陽光充足時葉色較鮮艷。
🌱 土　　壤	適應各種土壤，對於土質不甚挑剔。但如果能提供排水性佳且富含有機質的土壤，將有助於其生長更為良好。
💧 水　　份	待盆土乾了再一次澆透即可。中午不宜澆水。避免盆器積水以免根部腐爛。
🎱 施　　肥	每兩個月施肥一次。宜少量多次。
✌ 挑選原則	莖幹健康葉子豐腴是上選。

月　份	1	2	3	4	5	6	7	8	9	10	11	12
觀花期						✳	✳	✳	✳			
觀葉期	♣	♣	♣	♣	♣	♣	♣	♣	♣	♣	♣	♣

Q 陽台上的鴨拓草好像都長不大耶，種了一個多月都沒有長出新的莖葉，這樣是正常的嗎？

A 鴨拓草是生長旺盛的植物之一，基本上一個月的時間應該可以長出數段分枝。可能是陽台上的日照太強，氣溫高水分蒸發量大，若沒有早晚兩次補充水分，很可能造成生長停滯。

Q 聽說紫背鴨拓草可以入藥？但又有一說其汁液有毒，究竟哪一種說法正確呢？

A 兩種說法都是正確的。紫背鴨拓草全株入藥，可治外傷瘀血或吐血，也可治咳嗽及跌打腫痛等。食用方式可與瘦肉、川芎一同燉湯。但入藥時，必須要有專業的中草藥劑師指示使用。而汁液對某些皮膚過敏者，可能造成刺痛和奇癢，甚至引起小疹子，所以在使用時需多加留意用法和用量。

Part 3

單調盆栽變裝術

觀葉植物通常給人的印象是略顯得單調無趣，
其實只要透過美麗的盆器來襯托，或是加上精巧可愛的小擺飾，
就能營造出完全不同的質感。

★只要利用隨手撿到的乾枯樹枝，
　加上裝飾用的娃娃，
　就可以完成這一個很可愛的觀賞盆栽了。

酷夏的白鶴芋

材料 1盆器一只。2白鶴芋二株。3培養土少許。4貝殼砂少許。
5娃娃飾品二隻。6樹枝二枝。7海樹一片。8小鏟子。9熱熔槍。

步驟⊃

1 將培養土填入盆器中。

2 種入植株。

3 覆土並將盆土壓實。

4 鋪上貝殼砂作為鋪面。

5 將樹枝以熱熔膠固定在盆器邊緣。

6 將娃娃裝飾品黏在樹枝上。

7 將海樹修剪成喜歡的形狀。

8 將海樹以熱熔膠固定在盆器上即可完成。

＊神采奕奕的虎尾蘭，
彷彿長在陸地上的昆布海帶，
陪伴著貝殼，
勇敢的為愛情出征。

② 愛的啦啦隊虎尾蘭

材料 1貝殼風盆器一只。 2虎尾蘭二株。 3白樺木樹枝三枝。
4貝殼砂少許。 5各式貝殼數個。 6小鏟子。 7熱熔槍。 8剪刀。

步驟⊃

1 將培養土填入盆器中，在盆土中挖出二個洞。

2 種入植株，覆土並用手壓實盆土以固定植株。

3 鋪上貝殼砂作為鋪面。

4 將白樹枝修剪至適合的高度。

5 將貝殼以熱熔膠固定於白樹枝上。

6 將樹枝插入盆器中即可。

★富有光澤的瓊麻絲，
　像貴婦人身上華麗的毛海皮草，
　配上亮麗的珍珠與彈珠；
　夜裡玄關的飾燈，
　是我專屬的Spot Light。

3

華麗的貴婦虎尾蘭

材料 1虎尾蘭盆栽一株。2瓊麻絲少許。
3各式珠石（珍珠、彈珠、石頭、鈕扣皆可）少許。4熱熔槍。

步驟

1 取一盆器簡單，無裝飾的盆栽。

2 準備適量的瓊麻絲。

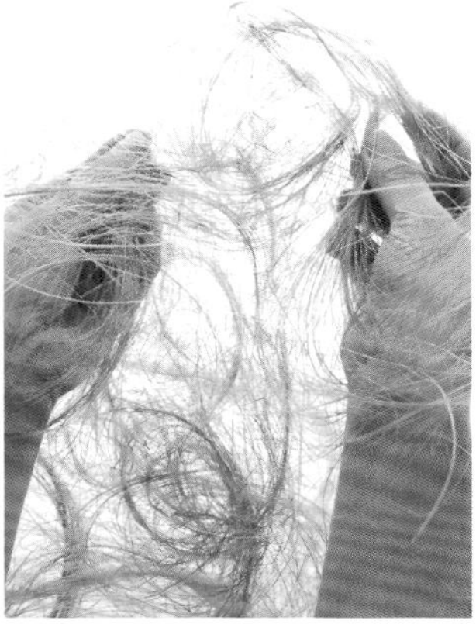

3 將瓊麻絲拉出蓬鬆感。

4 圍在植株四周。

5 將彈珠、珍珠等裝飾物以熱熔膠固定在盆器邊。

6 小石頭或是顏色豐富的鈕子也很適合點綴。

★ 這個作品雖然做法簡單，
卻營造出深刻的意境，
讓人回想起小時候在外婆家玩耍的情景。

竹籬外的馬拉巴栗

材料 1方形陶盆一只。2馬拉巴栗一株。3乾燥的玫瑰花梗數枝。4環保魔帶。5家禽小擺飾一組。6不織布一塊。7貝殼砂少許。8乾燥青苔少許。9發泡煉石少許。10培養土少許。11小鏟子。12剪刀。

步驟◯

1. 剪下一小塊不織布，將盆器底部的排水孔蓋住。

2. 先填入一層發泡煉石。

3. 再鋪一層不織布。

4. 填入培養土，種入植株。

5. 將乾燥的玫瑰花莖修剪至適當長度，用環保魔帶將玫瑰花莖固定並編成籬笆狀。

6. 將多餘的環保魔帶修剪掉。

7. 將編好的籬笆塑出曲線，再插入盆器中。

8. 在有植株的一邊鋪上乾燥青苔。

9. 另一邊鋪上貝殼砂。

10. 最後擺上家畜的裝飾品即可。

富有和風的陶盆，
佐以珍珠石加上日式燈籠，
枯山水庭園就在我家的小小玄關上。

庭園裡的火鶴

材料 1和風盆器一只。2火鶴一株。3培養土少許。4貝殼砂少許。5染色貝殼砂少許。6珍珠石少許。7小鏟子。8日式燈籠一個。

步驟

1 將培養土填入盆器中。

2 在盆土中挖出一個洞，種入植株。

3 覆土並將盆土壓實。

4 鋪上貝殼砂作為鋪面。

5 盆器底邊鋪上珍珠石，並用手塑出形狀。

6 將盆底邊的珍珠石撥開一個凹槽。

7 填入染色貝殼砂。

8 放上和風擺飾，即可完成。

帶來幸福的火鶴

材料 1火鶴盆栽一株。2樹皮二塊。3娃娃飾品二隻。

步驟

1 挑選形狀大小適合的樹皮，背面擠上熱熔膠。

2 將樹皮黏貼在盆器邊。

3 將娃娃裝飾品黏在樹皮上即完成。

★簡單的盆器加上兩片天然樹皮，
招來幸福的小精靈，彷彿就能常駐家裡。

獨一無二的心葉毬蘭

材料 1玻璃盆器一只。2心葉毬蘭一葉。3剪刀。4貝殼砂少許。
5染色貝殼砂少許。6雞心貝一個。7螺狀貝殼一個。

步驟➔

1 修剪植株上過長的根部。

2 在玻璃盆器中鋪上一層貝殼砂。

3 放入植株。

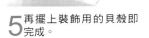

4 鋪上染色貝殼砂。

5 再擺上裝飾用的貝殼即完成。

★近兩年來非常流行的心葉毬蘭迷你盆栽，價格往往不低，
但這個作品的作法其實非常簡單。
只要一只酒杯或是寬口玻璃瓶，加上彩色的貝殼砂，
就可以打造這個獨一無二的心意。

★以象徵旱漠的仙人掌配上象徵海洋的貝殼，
　看似衝突的搭配，就像一對夫妻，來自完全不同的家庭。
　因此兩人的生活習慣與價值觀，需要長時間的磨合，
　才能呈現完美圓融的默契。

貝殼與仙人掌

材料 **1**大型貝殼一只。**2**漂流木一塊。**3**仙人掌三株。**4**培養土少許。
5貝殼砂少許。**6**乾燥青苔少許。**7**熱熔槍。**8**小鏟子。
9鑷子一把。**10**各式貝殼數個。

步驟⤵

1 將一適當大小的漂流木，以熱熔膠固定在大型貝殼上。

2 以乾燥青苔覆蓋熱熔膠的痕跡。

3 填入培養土。

4 修剪過長的根部。

5 用攝子將植株小心的放入貝殼盆器中。

6 覆土並且將盆土略微壓實。

7 鋪上貝殼砂。

8 盆器底邊也鋪上貝殼砂。

9 用手將貝殼沙塑出形狀。

10 再擺上裝飾用的貝殼即完成。

★用久了的密封保鮮罐或許已失去其功能，
　不妨用來種植可愛又容易照顧的仙人掌，
　讓不再保鮮的保鮮瓶，
　成為保護仙人掌的保「仙」瓶！

保鮮瓶中的仙人掌

材料 1 密封罐一只。2 仙人掌二株。3 培養土少許。4 貝殼砂少許。
5 小鏟子。6 鑷子一把。7 各式彈珠數個。8 各式貝殼數個。

步驟⇨

1 用鑷子小心的將植株從原盆中脫出。

2 清除盆土。

3 將植株放入保鮮瓶中，放置順序需依照植株的形狀及高矮，較矮胖的先放。

4 一手固定植株一手緩緩填入培養土。

5 先放入大型的裝飾貝殼。

6 再放入另一株瘦高的植株。

7 填入貝殼砂。

8 最後放入具光澤的彈珠及小貝殼即可。

★樂活的最高境界，
　在於用隨手可得的環保素材，
　建構生活上的一切。
　而這迷你竹棚加上五色鳥，
　可不滿足了心靈上的樂活需求！

竹棚下的袖珍椰子

材料 1長方形盆器一只。2袖珍椰子一株。3培養土少許。4乾燥青苔少許。5小鏟子。6乾燥竹枝數枝。7造型石兩塊。8鳥巢飾品一個。9小鳥飾品三隻。10熱融槍。

步驟

1 填入培養土,並在盆土中挖出一個洞。

2 將植株種入盆土中。

3 再覆上一層土。

4 用手將盆土壓實。

5 將竹枝剪成適當長度。

6 將竹枝插入盆器的四個角落。

7 再剪出數條較短的竹枝以環保魔帶編成竹棚。

8 以乾燥青苔鋪在盆土上當做鋪面。

9 將裝飾用的鳥巢以熱熔膠固定在竹棚上。

10 最後以小鳥點綴鳥巢與竹棚即可。

不飲也醉的酒瓶蘭

材料 1透明玻璃杯一只。2酒瓶蘭一株。3彩色石少許。4貝殼砂少許。
5環保玻璃石少許。6小鏟子。7小擺飾一個。

步驟 ⊃

1用透明玻璃杯當作盆器，先鋪上一層彩色石。

2再鋪上一層貝殼砂。

3小心的將植株從原盆中脫出。

4修剪過長的根部。

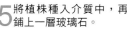

5將植株種入介質中，再鋪上一層玻璃石。

6盆器底邊也鋪上玻璃石，並用手塑出形狀，最後放上擺飾即可。

★酒瓶蘭那造型獨特的膨大莖部，配上細如噴泉的葉子，
  彷彿一罈老酒從瓶中溢出瓊漿，瞧著瞧著似乎聞到了酒香……
  真所謂不飲也醉。

12

羅漢松行道樹

材料 1長形盆器一只。 2羅漢松小樹苗一盆。 3培養土少許。 4貝殼砂少許。 5小鏟子。 6竹籤一隻。 7剪刀。

步驟

1 在盆器上鋪上一層培養土。

2 再鋪上一層貝殼砂。

3 小心的將植株從原盆中脫出。

4 挑選健康，外型直挺的植株，修剪過長的根部。

5 以竹籤在盆土中戳出一個個的洞。

6 將植株一棵棵種入洞裡即可。

★將花市買來，參差不齊的種子森林做個篩選，只留亭亭玉立的幾株，落些間隔，像不像整齊劃一的行道樹？

現代人普遍無法擁有寬廣的居家空間，
擁擠的水泥叢林是否讓你失去恬適的心情？
這個作品能讓你在居家一角，五寸見方的天地裡，
擁有一座心靈福池。快來參個禪吧！

13

池塘邊的佛手芋

材料
1方型盆器一只。2造型小碗一只。3佛手芋一株。4培養土少許。
5珍珠石少許。6貝殼砂少許。7乾燥青苔少許。8不織布一塊。
9漂流木二塊。10小鏟子。11銅錢草葉數片。

步驟⊃

1 取一無排水孔的盆器，鋪上珍珠石。

2 鋪上一層不織布。

3 覆上一層土，在盆土中挖出一個洞。

4 將植株種入盆土中並且將盆土略微壓實。

5 擺上漂流木，以區隔出兩個區塊。

6 在有植株的一邊鋪上人工染色水草。

7 另一邊鋪上貝殼砂。

8 在鋪上貝殼砂的那邊放上一只造型碗當作池塘。

9 在碗中加入八分滿的水。

10 剪幾片銅錢草葉放在碗中當作荷葉即可。

★這個作品也可以使用喜餅盒來製作。
　這幾年很流行的兩層抽屜式喜餅，只要做好防水措施，
　上層作盆栽，下層還可以放置糖果餅乾等零嘴，
　就成了一份最賞心悅目的迎賓點心

合果芋 的心意

14

材料 1珠寶盒一只。2玻璃紙一張。3合果芋一株。4培養土少許。5發泡煉石少許。6不織布一塊。7染色貝殼砂少許。8乾燥青苔少許。9小熊布偶一隻。10各式貝殼數個。11小鏟子。12熱融槍。

步驟

1 利用損壞的珠寶盒充當盆器，鋪上一層玻璃紙。

2 在盆器四周擠上熱熔膠。

3 將玻璃紙固定在盆器上，剪掉多餘的玻璃紙。

4 鋪上一層發泡煉石。

5 再鋪上一層不織布。

6 填入培養土，將植株種入盆土中。

7 覆土並且將盆土略微壓實。

8 在有植株的一邊鋪上人工染色水草。

9 另一邊鋪上人工染色砂。

10 擺上裝飾用貝殼及小熊即可。

★藤蔓類的盆栽可塑性高，
　只要發揮巧思，
　動手做幾個攀架給它，
　就能讓單調的植物擁有豐富的表情。
　也可以試試看變出一隻米老鼠或是凱蒂貓。

長春藤的心情

 材料 1圓型陶盆一只。2長春藤一株。3培養土少許。
4粗鋁線一段。5小鏟子。6老虎鉗。

步驟◯

1 填入培養土。

2 將植株種入盆土中。

3 覆土並且將盆土略微壓實。

4 取一條鋁線，從中間對折成V字形。

5 將兩端往下折成一個心型。

6 將鋁線兩端互相扭轉成一束。

7 將心形攀架插入盆土中央。

8 將植株的藤蔓纏繞在心形攀架上即可。

★ 喜歡潮濕的山蘇最適合擺放在浴室了。
但是這麼隱私的空間裡，怎麼出現一個小娃兒？
呵！仔細瞧！這個娃娃還真懂得非禮勿視。

非禮勿視的 山蘇

材料 1柱狀蛇木塊一段。2山蘇三株。3鐵絲二段。
4鐵釘二根。5娃娃一隻。6螺絲起子。7榔頭。

步驟

1 以螺絲起子在蛇木塊上鑽出一個洞。

2 將鐵釘纏繞在鐵絲兩端。

3 將鐵絲纏繞且固定在已脫盆的植株上。

4 同樣的方式處理另一株植株,並且以鐵釘把兩株固定在一起。

5 將處理好的植株以鐵釘固定在蛇木塊上。

6 將另一株植株種入步驟一鑽好的洞中。

7 以鐵絲固定裝飾用的娃娃,預留適長的鐵絲。

8 將娃娃固定在蛇木塊上即可。

★有些盆器本身就擁有簡潔富韻味的線條，
　沒有裝飾也極具質感。
　但偶而幫它添加幾許色彩也不錯。
　好比居家盆栽，幾種不同的植株，
　經常更換位置，就能營造耳目一新的效果了。

隨心所欲的山蘇

材料
1盆器一只。2山蘇一株。3粗鐵絲一段。4彩色細鋁線一段。
5培養土少許。6小鏟子。7老虎鉗。

步驟⟳

1 在盆器內鋪上培養土。

2 用老虎鉗將粗鐵絲彎折出一個螺旋。

3 將上一步驟的螺旋往下折，勾住盆器口。

4 將剩下的鐵絲繼續彎折出喜歡的造型。

5 加上另一種顏色的細鋁線作裝飾以增加色彩。

6 將鐵絲作成的裝飾物略調整弧度，使其更貼合於盆器。

7 小心的將植株從原盆中脫出。

8 最後將植株種入盆土即可。

★這個作品特別用了兩種不同品種的黃金葛，
　頗富組合盆栽的意味。
　因為都是一樣的屬性，照顧起來就更方便了。

「籐」空而起的黃金葛

材料 1長型盆器一只。2黃金葛二株，萊姆黃金葛一株。3培養土少許。4小鏟子。5籐球三個。6不織布一塊。7竹籤四隻。8剪刀。9小鏟子。

步驟：

1 在盆器上鋪上一層培養土。

2 小心的將植株從原盆中脫出。

3 將植株種入盆土中。

4 再覆上一層培養土。

5 用剪刀將籐球剪出一個洞。

6 將萊姆黃金葛小心的從原盆中脫出，用不織布將植株根部包起來。

7 塞入挖好洞的籐球中。

8 在另外二顆籐球上插入竹籤。

9 將插了竹籤的籐球固定在盆土中。

10 將步驟7的植株籐球插上竹籤，並固定在盆土中即可。

COPYRIGHT

腳丫文化
■ K020

活力旺居家盆栽

國家圖書館出版品預行編目資料

活力旺居家盆栽 / 張滋佳著. 第一版.
　台北市：腳丫文化，2007.09
　　面；　公分
ISBN 978-986-7637-29-1（平裝）
1. 盆栽　2.園藝學
435.8　　　　　　　　　96016953

著 作 人：張滋佳
社　　　長：吳榮斌
企劃編輯：許嘉玲
美術設計：游萬國
出 版 者：腳丫文化出版事業有限公司

總社‧編輯部
地　　　址：104 台北市建國北路二段66號11樓之一
電　　　話：（02）2517-6688
傳　　　真：（02）2515-3368
E－m a i l：cosmax.pub@msa.hinet.net

業務部
地　　　址：241 台北縣三重市光復路一段61巷27號11樓A
電　　　話：（02）2278-3158‧2278-2563
傳　　　真：（02）2278-3168
E－m a i l：cosmax27@ms76.hinet.net
郵撥帳號：19768287腳丫文化出版事業有限公司

國內總經銷：千富圖書有限公司（千淞‧建中）（02）2900-7288
新加坡總代理：POPULAR BOOK CO.(PTE)LTD. TEL:65-6462-6141
馬來西亞總代理：POPULAR BOOK CO.(M)SDN.BHD. TEL:603-9179-6333
香港代理：POPULAR BOOK COMPANY LTD. TEL:2408-8801
印 刷 所：通南彩色印刷有限公司
法律顧問：鄭玉燦律師（02）2915-5229
定　　　價：新台幣 280 元
發 行 日：2007年 9月　第一版　第1刷
　　　　　　2008年 2月　　　　　第3刷